高职高专"十三五"规划教材

数控车床编程与操作

白图娅　杨胜军　主编
周文杰　范利锋　副主编

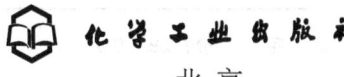

化学工业出版社
·北京·

本书系统全面地阐述华中数控车床编程加工技术，并涵盖了相关的切削基础知识，包括：数控技术、数控机床的基本介绍，数控加工工艺的基础知识；数控系统、数控机床的基本操作；编程的基础知识；华中及 FANUC 数控系统车床编程指令的详解与应用；CAXA 自动编程主要过程；精选鉴定考题强化训练。书中内容体现"理论知识的系统性，相关知识的完整性，实践技能的全面性，讲练训的一体化"的思路，突出数控车削编程技术在机械加工的实际应用。

本书可作为高职高专院校、普通高等院校等机电工程类专业教材，也可作为企业培训、职业技能训练的参考书，还可作为数控技术从业人员自学教材。

图书在版编目（CIP）数据

数控车床编程与操作/白图娅，杨胜军主编. —北京：化学工业出版社，2018.12（2024.7重印）
高职高专"十三五"规划教材
ISBN 978-7-122-33196-0

Ⅰ.①数… Ⅱ.①白… ②杨… Ⅲ.①数控机床-车床-程序设计-高等职业教育-教材②数控机床-车床-操作-高等职业教育-教材 Ⅳ.①TG519.1

中国版本图书馆 CIP 数据核字（2018）第 238781 号

责任编辑：韩庆利　　　　　　　　　　　文字编辑：张绪瑞
责任校对：秦　姣　　　　　　　　　　　装帧设计：张　辉

出版发行：化学工业出版社（北京市东城区青年湖南街 13 号　邮政编码 100011）
印　　装：北京建宏印刷有限公司
787mm×1092mm　1/16　印张 9¾　字数 235 千字　2024 年 7 月北京第 1 版第 3 次印刷

购书咨询：010-64518888　　　售后服务：010-64518899
网　　址：http://www.cip.com.cn
凡购买本书，如有缺损质量问题，本社销售中心负责调换。

定　　价：29.00 元

前言
FOREWORD

　　人才培养离不开优秀的教材，编写本教材的初衷植根于当前形势下改变传统数控教学以讲授为主的教学方法，激发学生学习的兴趣和动力，培养学生的探究意识和创新能力及从多角度解决问题的能力。

　　编写本教材的教师都有十年以上的数控技术理论与教学实践，积累了丰富的经验。本教材编制过程中得到内蒙古自治区高等教育科学研究"十三五"项目（高职数控加工理实一体化教学和考试研究，项目编号：NMGJGH2016186）的支持和"高职数控加工与编程课程项目化教学研究"的支持。本书既是两个项目的成果，也是理实一体项目化教学总结。

　　本书的特点是以"学工结合"为切入点，以"理实一体"为模式，按照职业岗位技能为需求和国家职业技能鉴定为标准而开发的理论与实践一体的教材，重点突出实践操作技能及相关理论知识的应用与提高。以一名初学者的角度，从认识机械加工开始，零基础学习数控加工，到数控高级车工，学习过程由浅入深。每个模块相对独立，适合教学需要。

　　本书由内蒙古化工职业学院白图娅、杨胜军、周文杰、曹磊，内蒙古大学范利锋、玉荣共同编写。白图娅负责搭建全书理论框架、统稿、审阅，并编写模块1、模块2和模块7，杨胜军编写模块4、6，周文杰编写模块3，曹磊编写模块5，范利锋编写模块9，玉荣编写模块8和附录。

　　为方便教学，本书配套电子课件，可登录化学工业出版社教学资源网 www.cipedu.com.cn 免费下载。

　　本书在编写过程中，借鉴了华中数控、FANUC数控及同行的相关文献资料，在此表示感谢和歉意。由于编者水平有限，加之时间仓促，疏漏之处在所难免，恳请广大读者批评指正。

编　者

目录
CONTENTS

模块 7　CAXA 数控车自动编程实例精讲 / 100

模块 8　数控车工职业技能强化集训 / 120

模块 9　数控车工技能鉴定样题综合训练 / 127

附录 / 143

参考文献 / 148

模块1

认识数控机床

学习要求:

了解数控的发展历史及趋势;熟悉数控机床的基本组成及工作原理;了解数控机床的分类;掌握数控机床的安全操作规范;理解并掌握数控机床坐标系的概念。

1.1 数控机床概述

数字控制技术(通称数控,Numerical Control,NC),是 20 世纪中期发展起来的一种自动控制技术,是利用数字化信号控制部件运动的方法。数控机床(Numerical Control Tool)是指装有数控系统的机床,利用计算机控制技术代替人工操作金属切削机床完成对零件的加工。

数控加工技术广泛应用于模具、汽车、船舶、航天航空、军工等方方面面。数控技术集中体现一国的制造业水平,所以各国都在竞相发展本国的数控技术。

1.1.1 数控技术发展简史

1949 年美国 Parson 公司与麻省理工学院开始合作,历时三年研制出能进行三轴控制的数控铣床样机,取名"Numerical Control"。

1953 年麻省理工学院开发出只需确定零件轮廓、指定切削路线,即可生成 NC 程序的自动编程语言。

1959 年美国 Keaney&Trecker 公司开发成功了带刀库,能自动进行刀具交换,一次装夹中即能进行铣、钻、镗、攻螺纹等多种加工功能的数控机床,这就是数控机床的新种类——加工中心。

1968 年英国首次将多台数控机床、无人化搬运小车和自动仓库在计算机控制下连接成自动加工系统,这就是柔性制造系统 FMS。

1974 年微处理器开始用于机床的数控系统中,从此 CNC(计算机数控系统)软线数控技术随着计算机技术的发展得以快速发展。

1976 年美国 Lockhead 公司开始使用图像编程。利用 CAD(计算机辅助设计)绘出加工零件的模型,在显示器上"指点"被加工的部位,输入所需的工艺参数,即可由计算机自动计算刀具路径,模拟加工状态,获得 NC 程序。

总结数控机床的发展,其历程与计算机相似,经历了以下 5 个阶段。

第 1 代数控机床:1952 年~1959 年采用电子管元件构成的专用数控装置(NC)。

第 2 代数控机床:从 1959 年开始采用晶体管电路的 NC 系统。

第 3 代数控机床:从 1965 年开始采用小、中规模集成电路的 NC 系统。

第 4 代数控机床：从 1970 年开始采用大规模集成电路的小型通用电子计算机控制的系统（CNC）。

第 5 代数控机床：从 1974 年开始采用微型计算机控制的系统（MNC）。

1.1.2　我国数控技术的发展

我国虽然早在 1958 年就开始研制数控机床，但由于历史原因，一直没有取得实质性成果。20 世纪 70 年代初期，曾掀起研制数控机床的热潮，但当时是采用分立元件，性能不稳定，可靠性差。

20 世纪 80 年代初，主要以引进为主，并进入自主研发阶段。1980 年北京机床研究所引进日本 FANUC 的 5、7、3、6 数控系统，上海机床研究所引进美国 GE 公司的 MTC-1 数控系统，辽宁精密仪器厂引进美国 Bendix 公司的 Dynapth LTD10 数控系统。在引进、消化、吸收国外先进技术的基础上，北京机床研究所又开发出 BS03 经济型数控和 BS04 全功能数控系统，航天部 706 所研制出 MNC864 数控系统。"八五"期间国家又组织近百个单位进行以发展自主版权为目标的"数控技术攻关"，从而为数控技术产业化建立了基础。

20 世纪 90 年代末，华中数控自主开发出基于 PC-NC 的 HNC 数控系统，达到了国际先进水平，加大了我国数控机床在国际上的竞争力度。

目前，我国数控机床生产企业有 100 多家，年产量增加到 1 万多台。

1.1.3　数控技术的发展趋势

现代数控加工正在向高速化、高精度化、高柔性化、高一体化、网络化和智能化等方向发展。

① 高速切削　受高生产率的驱使，高速化已是现代机床技术发展的重要方向之一。高主轴转速可减少切削力，减小切削深度，有利于克服机床振动，传入零件中的热量大大减低，排屑加快，热变形减小，加工精度和表面质量得到显著改善。高速切削可通过高速运算技术、快速插补运算技术、超高速通信技术和高速主轴等技术来实现。

② 高精度控制　高精度化一直是数控机床技术发展追求的目标。目前精整加工精度已提高到 $0.1\mu m$，并进入了亚微米级，不久超精度加工将进入纳米时代（加工精度达 $0.01\mu m$）。提高机床的加工精度，一般是通过减少数控系统误差，提高数控机床基础大件结构特性和热稳定性，采用补偿技术和辅助措施来达到的。

③ 高柔性化　数控机床柔性制造是指机床适应加工对象变化的能力，需具有开放性体系结构，能实现多种用途。目前，在进一步提高单机柔性自动化加工的同时，正努力向单元柔性和系统柔性化发展。具体是指通过重构和编辑，视需要系统的组成可大可小；功能可专用也可通用，功能价格比可调；可以集成用户的技术经验，形成专家系统。

④ 高程度的一体化　CNC 系统与加工过程作为一个整体，实现机、电、光、声综合控制，测量、造型、加工一体化，加工、实时检测与修正一体化，机床主机设计与数控系统设计一体化。

⑤ 网络化　实现多种通信协议，既满足单机需要，又能满足 FMS（柔性制造系统）、CIMS（计算机集成制造系统）对基层设备的要求。配置网络接口，通过 Internet 可实现远程监视和控制加工，进行远程检测和诊断，使维修变得简单。建立分布式网络化制造系统，可便于形成"全球制造"。

⑥ 智能化 智能化是机电控制技术发展的重要趋势。作为机电一体化程度极高的数控机床，其系统也将是一个高度智能化的系统。具体是指系统应在局部或全部实现加工过程的自适应、自诊断和自调整；多媒体人机接口使用户操作简单，智能编程使编程更加直观，可使用自然语言编程；加工数据的自生成及智能数据库；智能监控；采用专家系统以降低对操作者的要求等。

知识应用与拓展

搜集相关资料，简述国内外数控机床发展简史，各阶段取得的主要成果。

1.2 数控机床的组成及工作原理

1.2.1 数控加工主要过程

数控加工的本质是计算机控制机床刀具进给，完成切削加工。数控机床加工零件的工作过程如图 1-1 所示。可以简述为：

① 根据被加工零件的图样与工艺方案，用规定的代码和程序段格式编写出加工程序。

② 将所编写加工程序指令输入到机床数控装置中。

③ 数控装置对程序（代码）进行处理之后，向机床各个坐标的伺服驱动机构和辅助控制装置发出控制信号。

④ 伺服机构接到执行信号指令后，驱动机床的各个运动部件，并控制所需的辅助动作。

⑤ 机床自动加工出合格的零件。

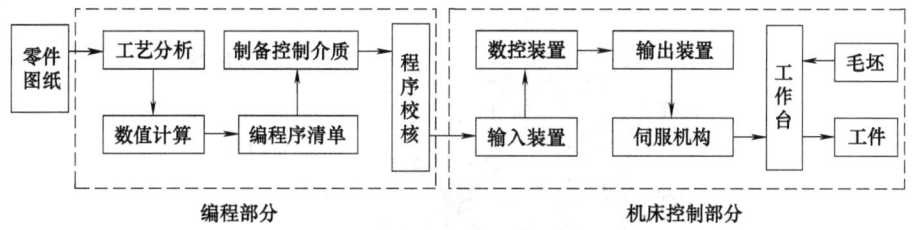

图 1-1 数控机床加工零件的工作过程示意图

1.2.2 数控机床的原理及组成

数控机床是非常典型的机、电、液、光的一体化产品，组成部件非常繁多。不同种类的数控机床，构成部件也千差万别，但其组成都可以概括为数控系统和机床本体两部分。简言之，就是计算机控制技术应用于机床，控制机床动作。

数控机床按功能可以划分为以下几个部分：控制介质、数控装置、伺服系统、辅助控制装置、测量反馈装置等，如图 1-2 所示。

① 控制介质是指将零件加工信息传送到数控装置的程序载体。早先数控装置配有纸带阅读机、软盘等，现在常用的有磁盘、移动硬盘、闪存（U 盘）等。

② 数控装置是数控机床的核心。它由输入装置（如键盘）、控制运算器和输出装置（如

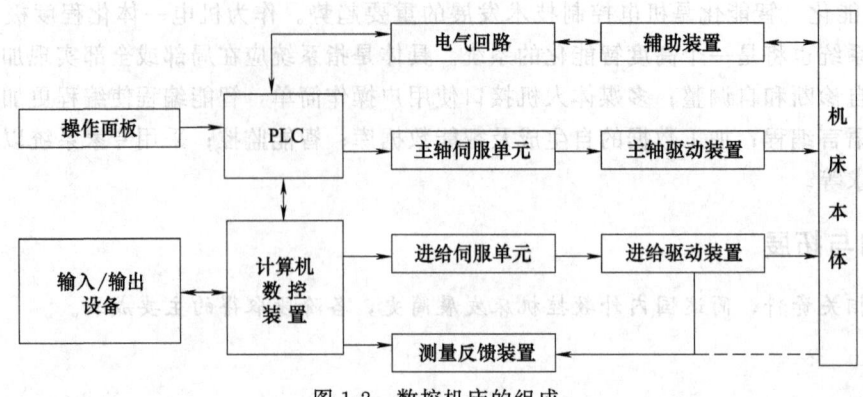

图 1-2 数控机床的组成

显示器）等构成。

③ 伺服机构是数控机床的执行机构，由驱动装置和执行部件（如伺服电动机）两大部分组成。

④ 辅助控制装置是介于数控装置和机床机械、液压部件之间的强电控制装置。由于可编程控制器（PLC）具有响应快、性能可靠、易于使用、编程和修改程序，并可直接驱动机床电气等特点，现已广泛用作数控机床的辅助控制装置。

⑤ 测量反馈装置将数控机床各个坐标轴的实际位移量、速度参数检测出来，转换成电信号，并反馈到机床的数控装置中。检测装置的检测元件有多种，常用的有光栅、光电编码器、圆光栅等。

数控机床的机械结构与普通机床基本一样，且相对简单。以数控铣床为例，组成机床各部分的典型部件名称如图 1-3 所示。

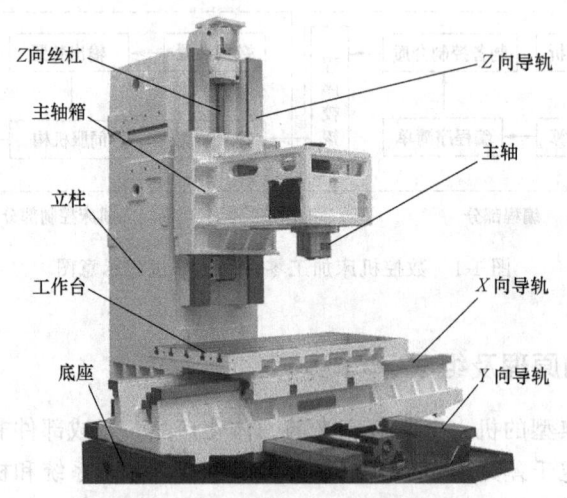

图 1-3 数控铣床的主要组成部件

机床主机是数控机床的主体。它包括床身、底座、立柱、横梁、滑座、工作台、主轴箱、进给机构、刀架及自动换刀装置等机械部件。它是在数控机床上自动地完成各种切削加工的机械部分。与传统的机床相比，数控机床主体具有如下结构特点。

① 数控机床的床身一般由底座、立柱、横梁等组成，是整个机床的基础支承件，用于

放置主轴箱、导轨等重要部件，同时承受切削力作用。

② 主轴是数控机床输出主切削运动的部件，安装在主轴箱内。

③ 进给系统的机械传动机构是数控机床的主要传动装置和运动部件，通常由滚珠丝杠螺母副、导轨等组成。

④ 数控机床的辅助装置是保证充分发挥数控机床功能所必需的配套装置。常用辅助装置包括：气动、液压装置，排屑装置，冷却、润滑装置，回转工作台和数控分度头，防护，照明等各种辅助装置。

知识应用与拓展

1. 绘制数控系统结构图，并说明各部分功能。
2. 简述参观数控车间、数控加工过程。
3. 讨论并说明数控机床工作原理。

1.3 数控机床的分类

数控机床的种类繁多，可以按照不同的分类方式进行分类，如工艺用途、加工控制路线、伺服系统的控制原理等。

1.3.1 按工艺用途分类

以加工工种为分类依据，可以将数控机床分为以下几类。

（1）数控切削类

① 单一工种的数控机床，如数控车床、数控铣床、数控钻床、数控镗床及数控磨床等。

② 多工种多工序的数控机床，如组合数控机床、加工中心（带有刀库和并能实现自动换刀装置的数控机床，如镗铣加工中心和车削加工中心）。

（2）数控成形类机床

数控冲床、数控折弯机、数控弯管机、数控回转头压力机等。

（3）数控特种加工机床

数控线切割机床、数控电火花加工机床、数控激光切割机床、数控高压水切割机、数控等离子切割机等。

（4）其他类型的数控机床

数控火焰切割机、数控三坐标测量机、数控绘图仪等。

1.3.2 按加工控制路线分类

按加工控制路线分类，有点位控制机床、直线控制机床和轮廓控制机床。

① 点位控制机床。如图 1-4（a）所示，只控制刀具从一点向另一点移动，而不管其中间行走轨迹的控制方式。在从点到点的移动过程中，只作快速空程的定位运动，因此不能用于加工过程的控制。属于点位控制的典型机床有数控钻床、数控镗床和数控冲床等。这类机床的数控功能主要用于控制加工部位的相对位置精度，而其加工切削过程还得靠手工控制机械运动来进行。

② 直线控制机床。如图 1-4（b）所示，可控制刀具相对于工作台以适当的进给速度，沿着平行于某一坐标轴方向或与坐标轴成 45°的斜线方向作直线轨迹的加工。这种方式是一次同时只有某一轴在运动，或让两轴以相同的速度同时运动以形成 45°的斜线，所以其控制难度不大，系统结构比较简单。一般地，都是将点位与直线控制方式结合起来，组成点位直线控制系统而用于机床上。这种形式的典型机床有车阶梯轴的数控车床、数控镗铣床和简单加工中心等。

③ 轮廓控制机床。又称连续控制机床。如图 1-4（c）所示，可控制刀具相对于工件作连续轨迹的运动，能加工任意斜率的直线，任意大小的圆弧，配以自动编程计算，可加工任意形状的曲线和曲面。典型的轮廓控制型机床有数控铣床、功能完善的数控车床、数控磨床和数控电加工机床等。

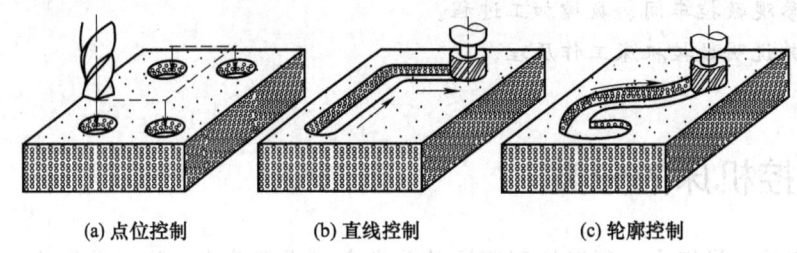

(a) 点位控制　　　　　(b) 直线控制　　　　　(c) 轮廓控制

图 1-4　按加工控制路线分类

1.3.3　按伺服系统的控制原理分类

（1）开环控制数控机床

开环控制数控机床的特点是其控制系统不带反馈装置，执行机构通常采用功率步进电动机或电流脉冲电动机，如图 1-5 所示。

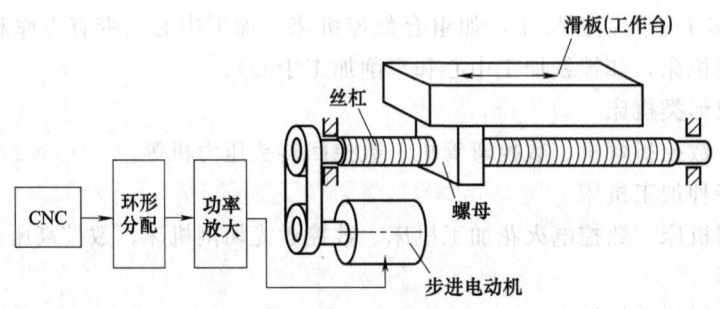

图 1-5　开环控制示意图

（2）半闭环控制数控机床

半闭环控制数控机床的特点是在伺服电动机的轴或数控机床的传动丝杠上装有角度检测装置（如光电编码器等），通过检测丝杠的转角间接地检测移动部件的实际位移，然后反馈到数控装置中去，与输入的指令位移值进行比较，用比较的差值对机床进行控制。如图 1-6 所示。

（3）闭环控制数控机床

闭环控制数控机床的特点是在机床移动部件上直线安装直线位移检测装置（如直线光栅等），将测量的实际位移值反馈到数控装置中，与输入的指令位移值进行比较，用比较的差

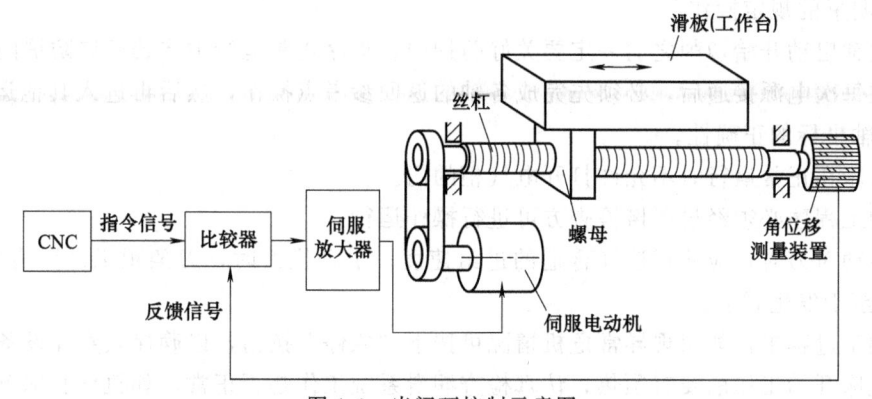

图1-6 半闭环控制示意图

值对机床进行控制,直至差值消除为止,使移动部件按照实际需要的位移量运动,最终实现移动部件的精确运动和定位,从而使加工精度大大提高。如图1-7所示。

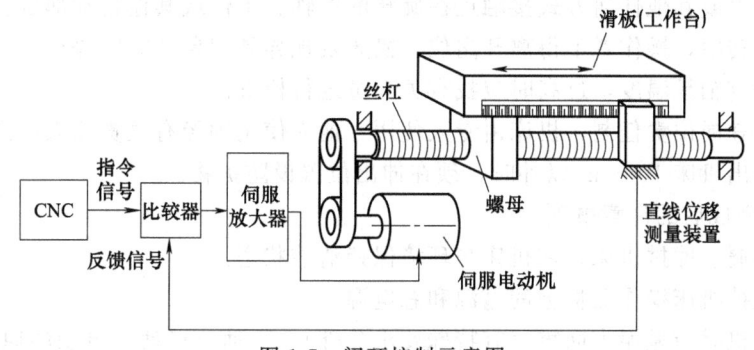

图1-7 闭环控制示意图

知识应用与拓展

1. 简述数控机床的分类依据。
2. 将所见数控机床按本节分类标准对应归类。

1.4 数控机床的操作规范

1.4.1 数控机床的安全操作规范

(1) 数控机床安全操作规程

① 工作时,应穿好工作服,戴好防护镜,不允许戴手套操作数控机床,也不允许扎领带。

② 开车前,应检查数控机床各部件机构是否完好、各按钮是否能自动复位。开机前,操作者应按机床使用说明书的规定给相关部位加油,并检查油标、油量。

③ 不要在数控机床周围放置障碍物,工作空间应足够大。

④ 上机操作前应熟悉数控机床的操作说明书,数控车床的开机、关机顺序,一定要按

照机床说明书的规定操作。

⑤ 主轴启动开始切削之前一定要关好防护门，程序正常运行中严禁开启防护门。

⑥ 在每次电源接通后，必须先完成各轴的返回参考点操作，然后再进入其他运行方式，以确保各轴坐标的正确性。

⑦ 机床在正常运行时不允许打开电气柜的门。

⑧ 加工程序必须经过严格检查方可进行操作运行。

⑨ 手动对刀时，应注意选择合适的进给速度；手动换刀时，刀架距工件要有足够的转位距离不至于发生碰撞。

⑩ 加工过程中，如出现异常危机情况可按下"急停"按钮，以确保人身和设备的安全。

⑪ 机床开始工作前要有预热，认真检查润滑系统工作是否正常，如机床长时间未开动，可先采用手动方式向各部分供油润滑。

（2）工作过程中的安全注意事项

① 禁止用手接触刀尖和铁屑，铁屑必须要用铁钩子或毛刷来清理。

② 禁止用手或其他任何方式接触正在旋转的主轴、工件或其他运动部位。

③ 机床运转中，操作者不得离开岗位，机床发现异常现象应立即停车。

④ 经常检查轴承温度，过高时应找有关人员进行检查。

⑤ 严格遵守岗位责任制，机床由专人使用，他人使用须经有关责任人同意。

⑥ 工件伸出机床 100mm 以外时，须在伸出位置设防护物。

（3）工作完成后的注意事项

① 清除切屑、擦拭机床，使机床与环境保持清洁状态。

② 依次关掉机床操作面板上的电源和总电源。

③ 机床开机时应遵循先回零（有特殊要求除外）、手动、点动、自动的原则。机床运行应遵循先低速、中速、再高速的原则，其中低速、中速运行时间不得少于 2~3min。当确定无异常情况后，方可开始工作。

④ 严禁在卡盘上、顶尖间敲打、矫直和修正工件，必须确认工件和刀具夹紧后方可进行下步工作。

⑤ 操作者在工作时更换刀具、工件，调整工件或离开机床时必须停机。

⑥ 机床上的保险和安全防护装置，操作者不得任意拆卸和移动。

⑦ 机床开始加工之前必须采用程序校验方式检查所用程序是否与被加工零件相符，待确认无误后，方可关好安全防护罩，开动机床进行零件加工。

⑧ 机床附件和量具、刀具应妥善保管，保持完整与良好，丢失或损坏照价赔偿。

⑨ 操作完毕后应清扫机床，保持清洁，将尾座和拖板移至床尾位置，并切断机床电源。

⑩ 机床在工作中发生故障或不正常现象时应立即停机，保护现场，同时立即报告现场负责人。

⑪ 操作者严禁修改机床参数。必要时必须通知设备管理员，请设备管理员修改。

⑫ 正确地选用数控车削刀具，安装零件和刀具要保证准确牢固。

⑬ 了解和掌握数控机床控制和操作面板及其操作要领，将程序准确地输入系统，并模拟检查、试切，做好加工前的各项准备工作。

⑭ 加工过程中如发现车床运转声音不正常或出现故障时，要立即停车检查并报告指导教师，以免出现危险。

1.4.2 数控机床的维护保养

数控机床能否达到加工精度高、产品质量稳定、提高生产效率的目标，这不仅取决于机床本身的精度和性能，很大程度上也与操作者在生产中能否正确地对数控机床进行维护保养和使用密切相关。只有坚持做好对机床的日常维护保养工作，才可以延长元器件的使用寿命，延长机械部件的磨损周期，防止意外恶性事故的发生，争取机床长时间稳定工作；也才能充分发挥数控机床的加工优势，达到数控机床的技术性能，确保数控机床能够正常工作。因此，做好日常维护保养，可使设备保持良好的技术状态，延缓劣化进程，及时发现和消灭故障隐患，从而保证安全运行。

为了使机床保持良好的状态，防止或减少事故的发生，把故障消灭在萌芽之中，除了发生故障应及时修理外，还应坚持定期检查，经常维护保养。

(1) 日常保养

① 班前保养

a. 擦净机床外露导轨及滑动面的尘土。

b. 按规定润滑各部位。

c. 检查各手柄位置。

d. 空车试运转。

② 班后保养

a. 打扫场地卫生，保证机床底下无切屑、无垃圾，保证工作环境干净。

b. 将铁屑全部清扫干净。

c. 擦净机床各部位，保持各部位无污迹，各导轨面（大、中、小）无水迹。

d. 各导轨面（大、中、小）和刀架加机油防锈。

e. 清理工、量、夹具，干净归位；部件归位。

f. 每个工作班结束后，应关闭机床总电源。

(2) 各部位定期保养

① 一级保养

a. 机床运行600h进行一级保养，以操作工人为主，维修工人配合进行。

b. 首先切断电源，然后进行保养工作（见表1-1）。

表 1-1　数控机床的一级保养

保养部位	保养内容及要求
外保养	①清洗机床外表面及各罩壳,保持内外清洁,无锈蚀 ②清洗导轨面,检查并修光毛刺 ③清洗长丝杆、光杆、操作杆。要求清洁无油污 ④补齐紧固螺钉、螺母、手球、手柄等机件,保持机床整齐 ⑤清洗机床附件,做到清洁、整齐、防锈
车头箱	①清洗滤油器 ②检查主轴螺母有无松动,定位螺钉调整适宜 ③检查调整摩擦片间隙及制动器 ④检查传动齿轮有无错位和松动
走刀箱 挂轮架	①清洗各部位 ②检查、调整挂轮间隙 ③检查轴套,应无松动拉毛

保养部位	保养内容及要求
刀架拖板	①拆洗刀架,调整中小拖板镶条间隙 ②拆洗、调整中小拖板丝杆螺母间隙
尾架	①拆洗丝杆、套筒 ②检查修光套筒外表及锥孔毛刺伤痕 ③清洗调整刹紧机构。拆洗丝杆、套筒
润滑	①清洗油线、油毡,保证油孔、油路畅通 ②油质、油量符合要求,油杯齐全,油标明亮
冷却	清洗冷却泵、过滤器、冷却槽、水管水阀,消除泄漏
数控	检查数控部分接头是否松动,清除积尘和油污
电气	①清洗电动机、电气箱 ②检查各电气元件触点,要求性能良好,安全可靠 ③检查、紧固接零装置

② 二级保养

a. 机床运行 5000h 进行二级保养,以维修工人为主,操作工人参加,除执行一级保养内容及要求外,应做好下列工作,并测绘易损件,提出备品配件。

b. 首先切断电源,然后进行保养工作（见表 1-2)。

表 1-2　　数控机床的二级保养

保养部位	保养内容及要求
车头箱	①清洗主轴箱 ②检查传动系统,修复或更换磨损零件 ③调整主轴轴向间隙 ④清除主轴锥孔毛刺,以符合精度要求
走刀箱挂轮架	检查、修复或更换磨损零件
溜板箱	①清洗溜板箱 ②调整开合螺母间隙 ③检查、修复或更换磨损零件
刀架拖板	①拆洗刀架及拖板 ②检查、修复或更换磨损零件
润滑	清洗油池,更换润滑油。
电气	①拆洗电动机轴承 ②检修、整理电气箱,应符合设备完好标准要求
精度	①校正机床水平,检查、调整、修复精度 ②调整数控尺寸和实际尺寸的误差,调整电流、电压在规定范围内 ③精度符合设备完好标准要求

知识应用与拓展

1. 列举数控机床安全操作的要点。

2. 简述数控机床维护要点。

1.5　数控机床的坐标系

1.5.1　数控机床的坐标轴

操作数控机床和编程加工前，首先要确定所用数控机床的坐标系。

首先要确定 Z 坐标轴（主轴）。按照一般规定，机床传递切削力的主轴轴线为 Z 坐标（如铣床、钻床、车床、磨床等）；如果机床有几个主轴，则选一垂直于装夹平面的主轴作为主要主轴；如机床没有主轴（龙门刨床），则规定垂直于工件装夹平面为 Z 轴。坐标轴一般都是与传递主切削动力的主轴轴线平行的，如：卧式数控车床、卧式加工中心，主轴轴线是水平的；立式数控车床、立式数控加工中心，主轴是竖直的。

其次确定 X 坐标轴。X 坐标一般是水平的，平行于装夹平面。对于工件旋转的机床（如车、磨床等），X 坐标的方向在工件的径向上。对于刀具旋转的机床则作如下规定：

① 当 Z 轴水平位置时，从刀具主轴后向工件看，正 X 为右方向。

② 当 Z 轴处于铅垂位置时，对于单立柱式，从刀具主轴后向工件看，正 X 为右方向；龙门式，从刀具主轴右侧看，正 X 为右方向。

最后再确定 Y 坐标轴或其他 A、B、C 等坐标轴。A、B、C 表示绕 X、Y、Z 坐标的旋转运动，正方向按照右手螺旋法则。若有第二直角坐标系，可用 U、V、W 表示。

1.5.2　右手笛卡儿坐标系与右手定则

（1）坐标系确定原则

数控编程时，为避免产生歧义，进行如下统一。

① 刀具相对静止、工件运动的原则：这样编程人员在不知是刀具移近工件还是工件移近刀具的情况下，就可以依据零件图纸，确定加工的过程。

② 标准坐标系原则：即机床坐标系确定机床上运动的大小与方向，以完成一系列的成形运动和辅助运动。

③ 运动方向的原则：数控机床的某一部件运动的正方向，是增大工件与刀具距离的方向。

右手笛卡儿坐标系就是数学上平时用的坐标系左右手的判断方法：在空间直角坐标系中，拇指、食指、中指相互垂直。右手拇指指向 X 轴的正方向，食指指向 Y 轴的正方向，如果中指能指向 Z 轴的正方向，则称这个坐标系为右手直角坐标系。大拇指指向被环绕轴的方向。四指的环绕方向是该旋转轴的正向，逆向则为负角度方向。例如，拇指指向 X 轴正向，四指环绕方向为 A 轴正向。如图 1-8 所示。

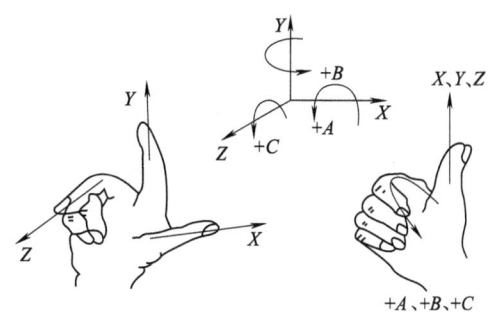

图 1-8　数控机床坐标系右手判定

（2）机床坐标系与机床原点

机床坐标系是机床上固有的坐标系，用于确定被加工零件在机床中的坐标、机床运动部件的位置（如换刀点、参考点）以及运动范围（如行程范围、保护区）等。机床坐标系的原点称为机床原点或机床零点，它是机床上的一个固定点，亦是工件坐标系、机床参考点的基准点，由机床制造厂确定。

（3）工件坐标系与工件原点

工件坐标系是编程人员在编制零件加工程序时使用的坐标系，可根据零件图纸自行确定，用于确定工件几何图形上点、直线、圆弧等各几何要素的位置。工件坐标系的原点称为工件原点或工件零点，可用程序指令来设置和改变。根据编程需要，在一个零件的加工程序中可一次或多次设定或改变工件原点。

知识应用与拓展

描述右手规则与机床坐标系的对应关系。

知识巩固与技能演练

1. 简述数控系统和机床机械结构的组成。
2. 简述数控机床的分类。
3. 简述数控加工过程。
4. 按教师示范，安全操作数控机床。
5. 参观车间全部数控机床，并用右手确立数控机床坐标轴。

模块2
数控加工工艺

学习要求：

掌握金属切削运动的基本知识；了解数控切削加工工艺基础知识；了解数控编程方法。

2.1 金属切削基本概念

金属切削加工就是利用工件和刀具之间的相对（切削）运动，用刀具上的切削刃切除工件上的多余金属层，从而获得具有一定加工质量零件的过程。车削、磨削、钻削、铣削、刨削等都是较为常见的金属切削加工，如图 2-1 所示。

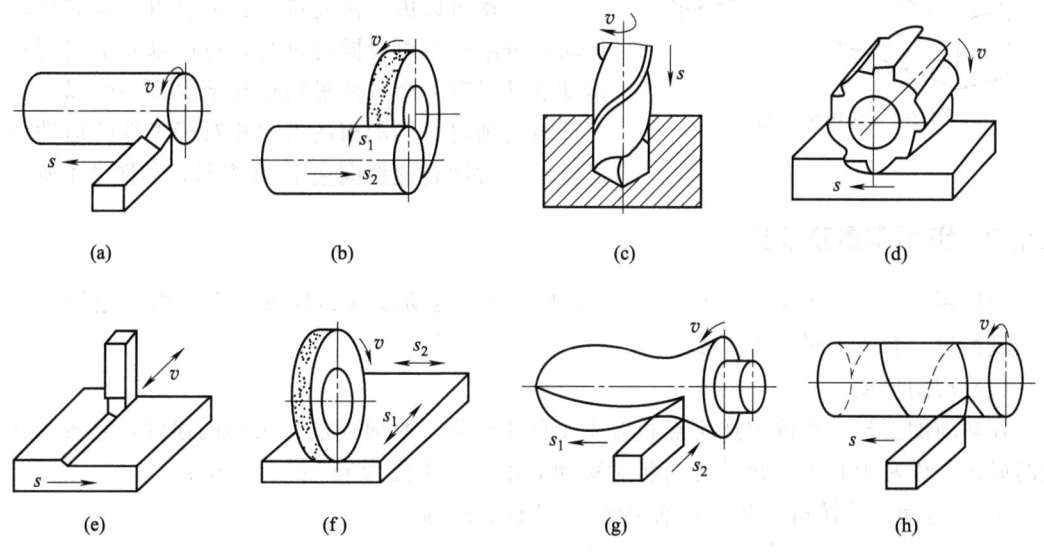

图 2-1　常见金属切削加工运动

2.1.1　切削运动

切削加工时，为了获得各种形状的零件，刀具与工件必须具有一定的相对运动，即切削运动，运动形式可以是旋转运动，也可以是直线运动。切削运动可以分解为主运动和进给运动。

主运动，由机床或人力提供的运动，它使刀具与工件之间产生主要的相对运动。主运动的特点是速度最高，消耗功率最大。车削时，主运动是工件的回转运动，如图 2-2 所示；牛头刨床刨削时，主运动是刀具的往复直线运动，如图 2-3 所示。

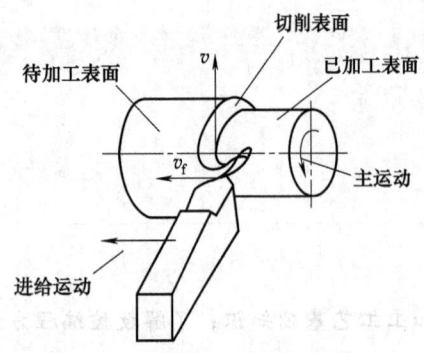

图 2-2 车削运动和工件上的表面

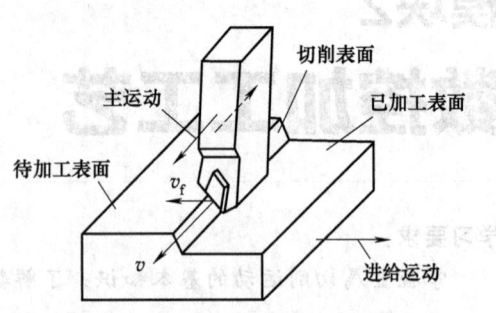

图 2-3 刨削运动和工件上的表面

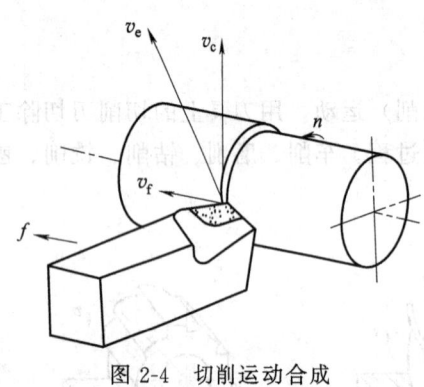

图 2-4 切削运动合成

进给运动，由机床或人力提供的运动，它使刀具与工件间产生附加的相对运动，进给运动将使被切金属层不断地投入切削，以加工出具有所需几何特性的已加工表面。车削外圆时，进给运动是刀具的纵向运动；车削端面时，进给运动是刀具的横向运动。牛头刨床刨削时，进给运动是工作台的移动。

主运动可以由工件完成，也可以由刀具完成；主运动和进给运动可以同时进行，也可以间歇进行；主运动通常只有一个，而进给运动至少有一个以上。当工件被切削时，切削刃的刀尖相对于工件的运动为合成运动，常用合速度向量 v_e 来表示，如图 2-4 所示。

2.1.2 切削用量及确定

切削用量是用来表示切削加工中主运动和进给运动参数的数量。切削用量包括切削速度、进给量、背吃刀量三个要素。

（1）切削速度 v_c

在切削加工时，切削刃选定点相对于工件主运动的瞬时速度称为切削速度，它表示在单位时间内工件和刀具沿主运动方向相对移动的距离，单位为 m/min 或 m/s。

① 主运动为旋转运动时，切削速度 v_c 计算公式为

$$v_c = \frac{\pi d n}{1000} (\text{m/min 或 m/s})$$

式中　d——工件直径，mm；

　　　n——工件或刀具每分（秒）钟转数，r/min 或 r/s。

② 主运动为往复运动时，平均切削速度为

$$v_c = \frac{2 L n_r}{1000} (\text{m/min 或 m/s})$$

式中　L——往复运动行程长度，mm；

　　　n_r——主运动每分钟的往复次数。

（2）进给量 f

进给量是刀具在进给运动方向上相对工件的位移量，可用刀具或工件每转或每行程的位

移量来表述或度量。车削时进给量的单位是 mm/r，即工件每转一圈，刀具沿进给运动方向移动的距离。刨削等主运动为往复直线运动，其间歇进给的进给量为 mm/双行程，即每个往复行程刀具与工件之间的相对横向移动距离。

单位时间的进给量，称为进给速度，车削时的进给速度 v_f 计算公式为

$$v_f = nf (\text{mm/min 或 mm/s})$$

铣削时，由于铣刀是多齿刀具，进给量单位除 mm/r 外，还规定了每齿进给量，用 a_z 表示，单位是（mm/z）。

（3）背吃刀量（切削深度）a_p

背吃刀量 a_p 是指主刀刃工作长度（在基面上的投影）沿垂直于进给运动方向上的投影值。对于外圆车削，背吃刀量 a_p 等于工件已加工表面和待加工表面之间的垂直距离，单位为 mm。即

$$a_p = \frac{d_w - d_m}{2}$$

式中　d_w——待加工表面直径；

d_m——已加工表面直径。

在数控加工过程中，除用经验法确定切削用量外，也可按如下步骤确定切削用量。

① 根据工件材料，确定刀具的材料。

② 符合工艺要求，确定刀具角度。

③ 粗加工按 a_p—f—v_c 的顺序选择。

a. 粗加工的主要目的是用最少的走刀次数尽快切除多余金属，只留后续工序的加工余量，所以应根据毛坯尺寸首先选择 a_p；

b. 粗加工不必考虑表面粗糙度，在 a_p 确定后，选取大的 f，减少走刀时间，a_p 和 f 确定后，在机床功率和刀具耐用度允许的前提下选择 v_c。

④ 精加工按 v_c—f—a_p 的顺序选择。

精加工的主要目的是保证产品质量和降低零件的表面粗糙度。因此首先应选择尽可能高的 v_c，然后选择达到表面粗糙度要求的 f，最后再根据精加工余量决定 a_p。

知识应用与拓展

1. 对常见金属切削加工进行运动分解。

2. 简述如何确定切削用量。

2.2　数控加工工艺概述

机械加工工艺过程是指用材料去除方法改变毛坯的形状、尺寸和表面质量，使其成为达到设计要求的过程。数控机床的加工工艺与普通机床的加工工艺有许多相同之处，遵循的原则基本一致。数控加工的主要内容有：分析零件图样确定工艺过程、数值计算、编写加工程序、校对程序及首件试切。具体步骤说明如下。

（1）分析图样、确定工艺过程

在数控机床上加工零件，工艺人员拿到的原始资料是零件图。根据零件图，可以对零件的形状、尺寸精度、表面粗糙度、工件材料、毛坯种类和热处理状况等进行分析，然后选择机床、刀具，确定定位夹紧装置、加工方法、加工顺序及切削用量的大小。在确定工艺过程中，应充分考虑所用数控机床的指令功能，充分发挥机床的效能，做到加工路线合理、走刀次数少和加工工时短等。此外，还应填写有关的工艺技术文件，如数控加工工序卡片、数控刀具卡片、走刀路线图等。

（2）计算刀具轨迹的坐标值

根据零件图的几何尺寸及设定的编程坐标系，计算出刀具中心的运动轨迹，得到全部刀位数据。一般数控系统具有直线插补和圆弧插补的功能，对于形状比较简单的平面形零件（如直线和圆弧组成的零件）的轮廓加工，只需要计算出几何元素的起点、终点、圆弧的圆心（或圆弧的半径）、两几何元素的交点或切点的坐标值。如果数控系统无刀具补偿功能，则要计算刀具中心的运动轨迹坐标值。对于形状复杂的零件（如由非圆曲线、曲面组成的零件），需要用直线段（或圆弧段）逼近实际的曲线或曲面，根据所要求的加工精度计算出其节点的坐标值。

（3）编写零件加工程序

根据加工路线计算出刀具运动轨迹数据和已确定的工艺参数及辅助动作，编程人员可以按照所用数控系统规定的功能指令及程序段格式，逐段编写出零件的加工程序。编写时应注意：第一，程序书写的规范性，应便于表达和交流；第二，在对所用数控机床的性能与指令充分熟悉的基础上，各指令使用的技巧、程序段编写的技巧。

（4）将程序输入数控机床

将加工程序输入数控机床的方式有：光电阅读机、键盘、磁盘、磁带、存储卡、连接上级计算机的 DNC 接口及网络等。目前常用的方法是通过键盘直接将加工程序输入（MDI 方式）到数控机床程序存储器中或通过计算机与数控系统的通信接口将加工程序传送到数控机床的程序存储器中，由机床操作者根据零件加工需要进行调用。现在一些新型数控机床已经配置大容量存储卡存储加工程序，当做数控机床程序存储器使用，因此数控程序可以事先存入存储卡中。

（5）程序校验与首件试切

数控程序必须经过校验和试切才能正式加工。在有图形模拟功能的数控机床上，可以进行图形模拟加工，检查刀具轨迹的正确性，对无此功能的数控机床可进行空运行检验。但这些方法只能检验出刀具运动轨迹是否正确，不能查出对刀误差、由于刀具调整不当或因某些计算误差引起的加工误差及零件的加工精度，所以有必要经过零件加工的首件试切的这一重要步骤。当发现有加工误差或不符合图纸要求时，应分析误差产生的原因，以便修改加工程序或采取刀具尺寸补偿等措施，直到加工出合乎图样要求的零件为止。随着数控加工技术的发展，可采用先进的数控加工仿真方法对数控加工程序进行校核。

2.2.1 常用刀具基础知识

（1）刀具的材料

一般用作刀杆部分的材料为优质碳素结构钢，常采用 45 钢。一般用作切削部分的材料如下。

① 合金工具钢 含铬、钨、硅、锰等合金元素的低合金工具钢加入合金元素后使硬度

及耐磨性得到提高，淬透性较好，这类钢可制造刃形较复杂的低速刀具，如铰刀、拉刀、丝锥等。常用的牌号有 CrWMn 、9SiCr、GCr15、Cr12MoV 等。

　　② 高速工具钢　简称高速钢，又称白钢和风钢。含有大量的钨、铬、钼、钒等合金元素，形成大量的高硬度碳化物相，淬火后的硬度可达 63～70HRC。不但淬火后硬度高，而且耐磨性、淬透性和回火稳定性显著提高；并有足够的韧性；当切削温度高达 600℃ 时能保持切削加工所要求的硬度。除高钒高速钢的磨削加工性能较差外，高速钢的工艺性也较好。所以在各种刀具材料中高速钢的性能最为理想。用高速钢制造刀具其显著的特点是制造工艺简单、韧性好、易刃磨成锋利的刃口，所以常常用高速钢制造各种复杂精密的刀具。如车刀、铣刀、铰刀和齿轮刀具等。

　　高速钢是综合性能较好，可以加工从有色金属到高温合金等各种材料，应用范围最广的一种刀具材料。其常用的种类和牌号有以下几种。

　　a. 通用性高速钢。用于加工碳结钢、合结钢和普通铸铁等。常用牌号有 W18Cr4V、W6Mo5Cr4V2、W14Cr4VMnRe 等。其中 W18Cr4V 应用最广。

　　b. 钴高速钢。用于加工高硬合金、不锈钢等难加工材料。常用牌号有 W2Mo9Cr4VCo8，其特点是具有良好的综合性能、硬度高（接近于 70HRC），但价格较高，一般用于制造各种高精度复杂刀具。

　　c. 超硬高速钢。用于加工调质钢材、高温合金等高难加工材料。常用牌号有 W6Mo5Cr4V2Al、W10Mo4CrV3Al 两种。这是我国研制成的两种不含稀有金属钴而含廉价铝的新型超硬高速钢。价格比含钴高速钢低得多，可用来制造要求耐用度高、精度高的刀具，如拉刀、滚刀等。

　　d. 粉末冶金高速钢。这是用粉末冶金法生产的高速钢。即用高压氩气或纯氮气雾化熔融的高速钢钢水直接得到细小的高速钢粉末，经高温、高压制成刀具形状或毛坯。因此碳化物晶粒细小，分布均匀、热处理后变形小，硬度、耐磨性、耐热性显著提高且磨削加工性能好，不足之处是成本较高。因此主要用于制造断续切削刀具和精密刀具。如齿轮滚刀、拉刀和成形铣刀等。

　　③ 硬质合金　硬质合金是由难熔金属碳化物（如 WC、TiC、TaC 等）和金属黏合剂（Co、Ni 等）经过粉末冶金的方法制成的。其特点是硬度很高，可达 74～82HRC；耐磨性和耐热性亦好，它所允许的工作温度可达 800～1000℃，甚至更高。所以允许的切削速度比高速钢高几倍到几十倍。可用于高速强力切削和难加工材料的切削加工。其缺点是抗弯强度较低、冲击韧性也较差，工艺性也较高速钢差得多。因此，多用于制造简单的高速切削刀具。用粉末冶金工艺制成一定规格的刀片镶嵌在或者焊接在刀体上进行使用。其常用的种类和牌号如下。

　　a. 常用硬质合金。按化学成分分有钨钴类（YG）、钨钴钛类（YT）、钨钛钽（或铌）类（YW）和碳化钛基硬质合金（YN）四类。常用牌号有 YG3、YG6、YG8、YT5、YT15、YT30、YW1、YW2、YN10。

　　钨钴类主要适用于加工脆性材料如铸铁和有色金属及非金属材料等。其中含钴量多，韧性较好，适用粗加工；相反则适宜精加工。

　　钨钴钛类适用于高速切削塑性材料及低碳钢等。如果含碳化钛量少而含钴量多适宜粗加工；相反则适宜精加工。

　　钨钛钽（或铌）类主要适用于加工难切削材料和连续表面。

碳化钛基类主要适用于加工合金钢、工具钢、淬硬钢等连续精加工。

b. 钢结硬质合金。由 TiC、WC 作硬质相、以高速钢作黏合剂组成的一种新型刀具材料，其性能介于高速钢和常用硬质合金之间。钢结硬质合金烧结体经退火后可进行切削加工，经淬火后具有常用硬质合金的高硬度（69～73HRC）和好的耐磨性，可进行锻造和焊接。可用于制造拉刀、铣刀、钻头等形状复杂、耐用度高的刀具。

c. 超细晶粒硬质合金。碳化物（WC）晶粒尺寸在 $1\mu m$ 以下，Co 黏合剂可做到 $0.2\sim 0.4\mu m$，所以硬度高，韧性好。可用以加工高温合金或高强度合金等难加工材料。

d. 涂层硬质合金。在韧性好的硬质合金基体上用气相沉积法等涂覆一层几微米厚且硬度高、耐磨性好的金属化合物（TiC、TiN、ZrC、陶瓷等）而制成的材料称为涂层硬质合金。制成的刀片（粒）适用于无冲击的半精加工和粗加工。

④ 其他新型刀具材料　随着科学技术的发展，新型刀具材料被不断研制出来，如陶瓷、金属陶瓷、聚晶金刚石、立方氮化硼等超硬材料，用这些材料制成的刀片（粒），用于精加工、半精加工或对特殊材料进行加工，其生产效率和加工质量都很高。

各类刀具常用材料性能见表 2-1。

表 2-1　各类刀具常用材料性能

种　类	牌号	硬度（HRC）	热硬性/℃	速度/(m/s)	用　途
碳素工具钢	T10A、T12A	60～65	200～250	0.1～0.2	手工刀具：锉刀、锯条、刮刀等
合金工具钢	CrWMn、9SiCr	60～65	300～400	0.25～0.3	低速刀具：丝锥、板牙等
高速钢	W18Cr4V、W6Mo5Cr4V2	63～70	600～700	0.67	中速刀具：钻头、铰刀、铣刀、拉刀、齿轮刀具等
硬质合金	P、M、K	89～93	800～1000	1.67～5	高速刀具：车刀、端铣刀、刨刀
陶瓷材料		91～95	1100～1200	1.67～6.67	连续精加工刀具

金属切削时，刀具材料硬度要大于工件硬度，选用刀具参照表 2-2。

表 2-2　刀具材料与工件材料选择

刀具材料	工件材料	结构钢	合金钢	铸铁	淬火钢	冷硬铸铁	镍基高温合金	钛合金	有色金属	非金属
高速钢		√	√	√			√	√	√	√
硬质合金	P 类	√	√				√	√		
	M 类	√	√	√			√	√		
	K 类			√			√	√	√	√
涂层硬质合金		√	√	√					√	√
超硬材料	陶瓷	√	√	√	√		√			
	金刚石								√	√
	立方氮化硼			√	√	√				

（2）刀具的结构

常见刀具的结构，按工作部分组成结构有整体式、焊接式和机械夹固式三种。如图 2-5 所示。

整体结构是在刀体上做出切削刃；焊接结构是把刀片钎焊到钢的刀体上；机械夹固结构

又有两种，一种是把刀片夹固在刀体上，另一种是把钎焊好的刀头夹固在刀体上。硬质合金刀具一般制成焊接结构或机械夹固结构；陶瓷刀具都采用机械夹固结构。

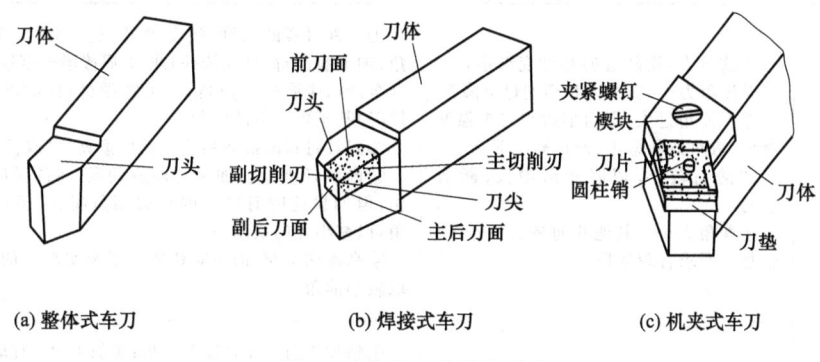

(a) 整体式车刀   (b) 焊接式车刀   (c) 机夹式车刀

图 2-5   常见刀具结构形式

(3) 刀具几何角度的选用

各类金属切削刀具形状大不相同，但就刀具的切削部分而言，放大观察是一样的，如图 2-6 所示。

下面以车刀为例（车刀是单刃切削刀具，便于理解）简述刀具的几何角度及作用。车刀的各部分名称如图 2-7 所示。车刀的几何角度如图 2-8 所示。

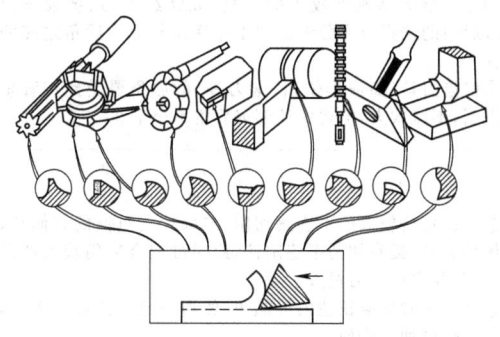

图 2-6   不同刀具切削简化示意图

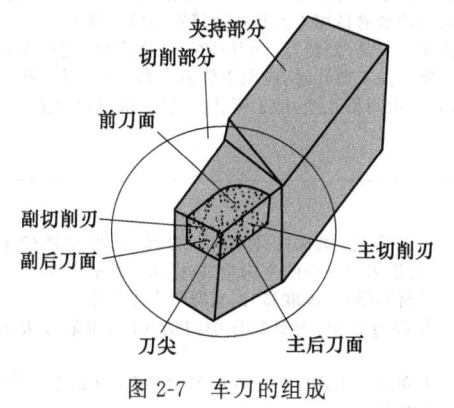

图 2-7   车刀的组成

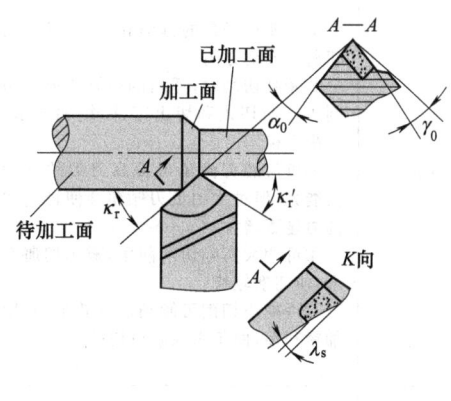

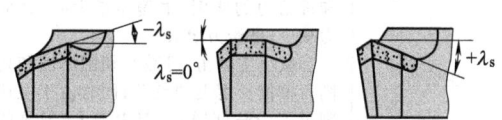

图 2-8   车刀的几何角度示意图

γ_0—前角；α_0—后角；λ_s—刃倾角；

κ_r—主偏角；κ_r'—副偏角

刀具几何角度的作用及选择原则，见表 2-3。

表 2-3　刀具几何角度的作用及选择原则

角度名称	作　用	选择原则
前角 γ_0	①前角大,切削层的塑性变形小,刀-屑摩擦阻力小,切削力和切削热可降低 ②但前角过大,则切削刃和刀头强度降低,散热条件恶化,刀具寿命下降 ③前角较小,切屑变形增大,断屑容易 ④前角大小与其他几何参数一样,应依加工要求合理选择	①工件材料的强度、硬度愈低,塑性愈好,应取较大的前角;加工脆性材料(如铸铁)或刀-屑接触长度短的材料(如钛合金)时,应取较小前角;加工特硬材料(如淬硬钢、冷硬铸铁等)甚至可取负的前角 ②刀具材料的抗弯强度及韧性愈高,可取较大的前角 ③断续切削或粗加工有硬皮的锻、铸件时应适当减小前角,但如果此时有较大的负刃倾角配合,仍可取较大的前角,以减小径向切削力 ④高速切削时,前角对切屑变形及切削力的影响较小,可取较小前角
后角 α_0 副后角	减少刀具的后刀面或副后刀面与工件之间的摩擦。但后角过大,会减弱切削刃强度,并恶化散热条件,使刀具寿命下降	①精加工时,宜取较大后角,粗加工时,宜取较小后角 ②多刃刀具切削厚度较薄,应取较大后角 ③被加工工件刚性差(如细长轴或薄壁工件)时,应取较小后角 ④工件材料较软、黏,加工硬化倾向大,弹性模量小时,后面摩擦严重,则取较大后角;工件材料硬度、强度高,为保证刃口强度,宜取较小后角;但对加工硬材料的负前角刀具,后角应稍大些,以便刀刃易于切入工件;加工脆性材料,负荷集中在刃口处,宜取较小后角 ⑤定尺寸刀具(如内拉刀、铰刀等)应取较小后角,以免重磨后刀具尺寸变化太大 ⑥对进给运动速度较大的刀具(如螺纹车刀、铲齿车刀等),后角的选择应充分考虑到工作后角与标注后角之间的差异 ⑦铲齿刀具(如成形铣刀,滚刀等)的后角要受到铲背量的限制,不能太大,但要保证侧刃后角不小于 2°
刃倾角 λ_0	①改变刃倾角的方向和大小,可控制切屑的流动方向 ②断续切削时,适当的刃倾角可使切削刃逐渐切入和切出工件,缓和冲击,切削平稳 ③负值的刃倾角可提高刀尖的抗冲击能力,但过大的负刃倾角会使径向切削力显著增大 ④可增大实际切削前角,减小切屑变形,使切削轻快 ⑤可减小切削刃倾角的有效半径,增加锋利性,便于实现微量切削	①冲击负荷较大的不连续切削,应取较大负值的刃倾角,以保护刀尖,提高切削平稳性,此时可配合采用较大的前角,以免径向切削力过大 ②精加工时应取正值的刃倾角,使切屑流向待加工表面,以免划伤已加工表面 ③加工高硬度材料时,可取负值刃倾角,以提高刀具强度 ④微量切削的精加工刀具可取特别大的刃倾角 ⑤孔加工刀具(如镗刀、铰刀)的刃倾角方向,应根据孔的性质决定。加工通孔时,应取正值刃倾角,使切屑由孔的前方排出,以免划伤孔壁;加工盲孔时,应取负值刃倾角
主偏角 κ_r	①改变主偏角的大小,可调整背向力和进给力的比例;主偏角增大时,背向力减小,进给力增大 ②减小主偏角,可减小切削厚度和切削刃单位长度上的负荷;同时由于主切削刃工作长度增大,刀尖增大,刀具的散热条件得到改善,刀具寿命可提高,但主偏角过小使径向切削力增大,容易引起切削振动	①在工艺系统(机床-工件-夹具-刀具)刚性允许的条件下,应尽可能采用较小的主偏角,以提高刀具的寿命 ②工件材料强度、硬度高时,宜取较小主偏角 ③在切削过程中,刀具需作中间切入时,应取较大的主偏角 ④主偏角的大小还应与工件的形状相适应(如车阶梯轴,铣直角台阶等) ⑤采用小偏角时应考虑切削刃有效长度是否足够

角度名称	作　　用	选择原则
副偏角 κ_r'	①增大副偏角，可减小副切削刃工作部分与工件已加工表面之间的摩擦；但副偏角过大，会使刀尖角减小，工件表面的残留面积也增加，刀具的散热条件恶化，表面粗糙度增大 ②副偏角减小，副切削刃的工作长度增大，有利于已加工表面的修光作用加强，有利于减小工件表面粗糙度；但过小的副偏角会使切削力增大，在工艺系统刚性不足的情况下容易引起切削振动	①工件或刀具刚性较差时，应取较大副偏角 ②精加工刀具应取较小的或零度副偏角，以加强副切削刃对工件已加工表面的修光作用 ③在切削过程中需作中间切入或双向进给的刀具，应取较大的副偏角 ④切断、切槽及孔加工刀具的副偏角应取较小值，以保证重磨后刀具尺寸变化量较小

2.2.2　切削液的选用

切削过程中，切屑、刀具和工件相互摩擦会产生很高的切削热。在正确使用刀具的基础上合理选用切削液，可以减少切削过程中的摩擦，从而降低切削温度，减小切削力，减少工件的热变形，对提高加工精度和表面质量尤其是对提高刀具耐用度起着很重要的作用。

（1）切削液的作用

① 冷却作用　切削液浇注到切削区域后，通过切削热的热传递和汽化，能吸收和带走切削区大量的热量，而改善散热条件，使切屑、刀具和工件上的温度降低，尤为重要的是降低前刀面上的温度。切削液冷却作用的好坏，取决于它的热导率、比热容、汽化潜热、汽化速度、流量和流速等。一般水溶液的冷却性能最好，油类最差，乳化液介于两者之间而接近于水溶液。

② 润滑作用　车削加工时，切削液渗透到工件与刀具、切屑的接触表面之间形成边界润滑而达到润滑作用。所谓边界润滑，就是在切削时，刀具前刀面与切屑接触，接触表面间压力较大，温度较高，使部分润滑膜厚度逐渐减小，直到消失，造成金属表面波峰直接接触。而其余部位，仍保持着润滑膜，从而减小金属直接接触面积，降低摩擦系数。

切削液的润滑性能，直接与形成润滑膜的牢固有关。边界润滑膜具有物理吸附或化学吸附两种结合性质。物理吸附润滑膜主要是靠切削液中的油性添加剂，如动植物油、油酸、胺类、醇类及脂类中极性分子吸附而成。油性添加剂主要应用于低压、低温状态下的边界润滑。在高压、高温边界润滑状态下，即极压润滑状态下，切削液中必须添加极压添加剂形成另外一种性质的润滑膜。常用的极压添加剂含硫、磷、氯、碘等有机化合物。这些化合物与金属表面起化学反应而生成新的化合物薄膜，如硫化铁、氯化亚铁、氯化铁等润滑膜，使边界润滑层有较好的润滑作用。

③ 清洗作用　浇注切削液能冲、带走在车削过程中产生的碎、细切屑，从而起到清洗、防止刮伤已加工表面和车床导轨面的作用。

④ 防锈作用　在切削液中加入防锈添加剂，如亚硝酸钠、磷酸三钠和石油磺酸钡等，使金属表面生成保护膜，使机床、工件不受空气、水分和酸等介质的腐蚀，从而起到防锈作用。

（2）常用切削液种类及其选用

常用切削液有水溶液、乳化液和切削油三大类。

① 水溶液　主要成分是加入了防锈添加剂的切削液的水，主要起冷却作用。一般用于

精车和铰孔等。

② 乳化液 是将乳化油用水稀释而成的液体。而乳化油则是由矿物油、乳化剂及添加剂配成的。常用的有三乙醇胺油酸皂、69-1 防锈乳化油和极压乳化油等。使用时，按产品说明配制而成。低浓度主要起冷却作用，适用于粗加工；高浓度主要起润滑作用，适用于精加工和复杂工序加工。

③ 切削油 包括有机械油、轻柴油、煤油等矿物油，还有豆油、菜籽油、蓖麻油、鲸油等动植物油。普通车削、攻螺纹、铰孔等可选用机油；加工有色金属和铸铁时应选用黏度小、浸润性好的煤油与其他矿物油的混合油；自动机床可选用黏度小、流动性好的轻柴油。

总之，切削液的选用应根据工件材料、刀具材料、加工方法和加工要求来确定，而不是一成不变。相反，如果选择不当就得不到应有的效果。

选用切削液参照表 2-4。

表 2-4 切削液种类及用途

加工材料	切削液种类	
	粗加工	精加工
碳钢	乳化液，苏打水	乳化液(低速时 10%～15%，高速时 5%)，极压乳化液，混合油，硫化油肥皂水溶液等
合金钢	乳化液，极压乳化液	
不锈钢及耐热钢	乳化液，极压切削油，硫化乳化油，极压乳化液	氯化煤油，煤油加 25%植物油，煤油加 25%松节油和 20%油酸，极压乳化液，硫化油(柴油加 25%脂肪和 5%硫磺)，极压切削油
铸钢	乳化液，极压乳化液，苏打水	乳化液，极压切削油，混合油
青铜黄铜	一般不用，必要时用乳化液	乳化液，含硫极压乳化液
铝	一般不用，必要时用乳化液，混合油	菜籽油，混合油，煤油，松节油
铸铁	一般不用，必要时用压缩空气或乳化液	一般不用，必要时用压缩空气、乳化液或极压乳化液

2.2.3 量具的选用

数控加工中常用到的几种量具，见表 2-5。

表 2-5 常用量具

名称	实物图	用途
游标卡尺	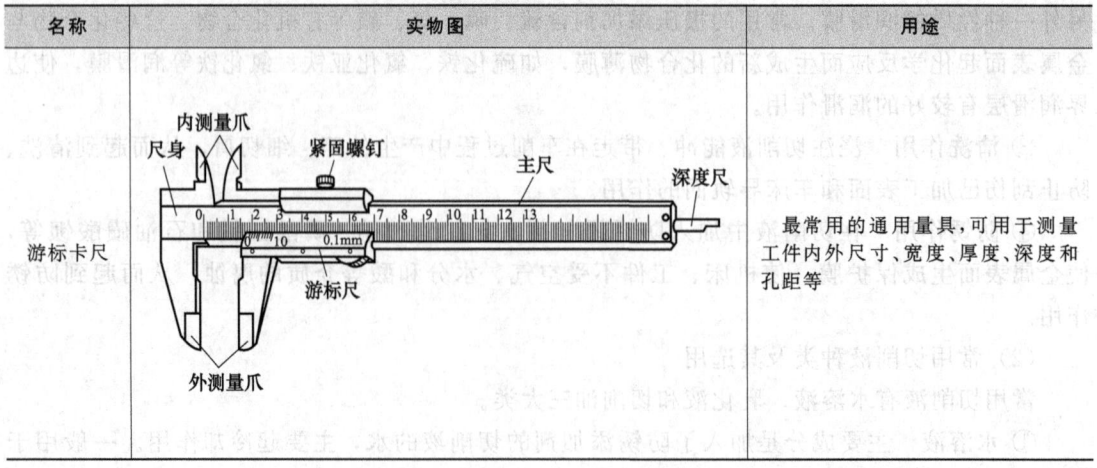	最常用的通用量具，可用于测量工件内外尺寸、宽度、厚度、深度和孔距等

名称	实物图	用途
外径千分尺	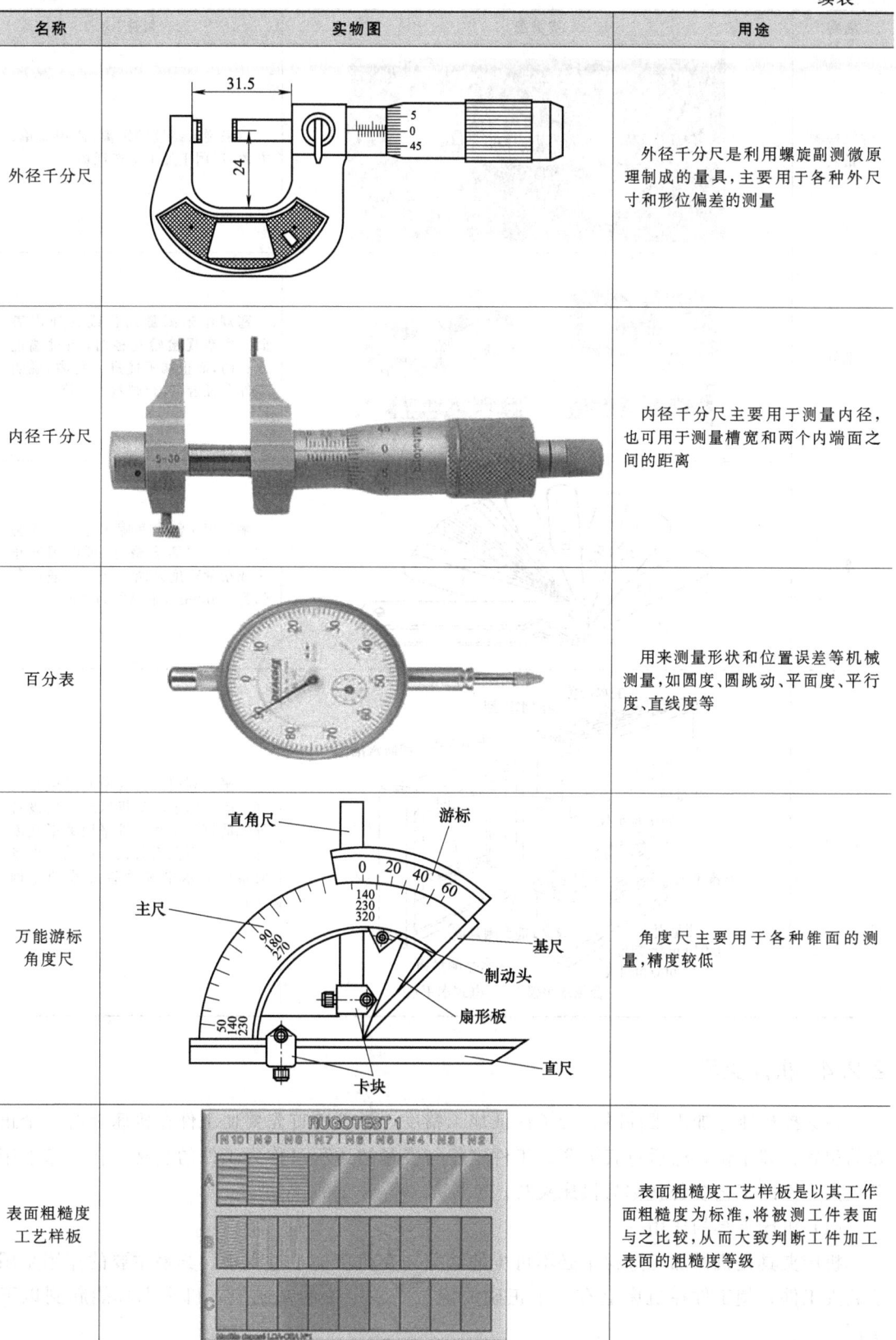	外径千分尺是利用螺旋副测微原理制成的量具,主要用于各种外尺寸和形位偏差的测量
内径千分尺		内径千分尺主要用于测量内径,也可用于测量槽宽和两个内端面之间的距离
百分表		用来测量形状和位置误差等机械测量,如圆度、圆跳动、平面度、平行度、直线度等
万能游标角度尺		角度尺主要用于各种锥面的测量,精度较低
表面粗糙度工艺样板		表面粗糙度工艺样板是以其工作面粗糙度为标准,将被测工件表面与之比较,从而大致判断工件加工表面的粗糙度等级

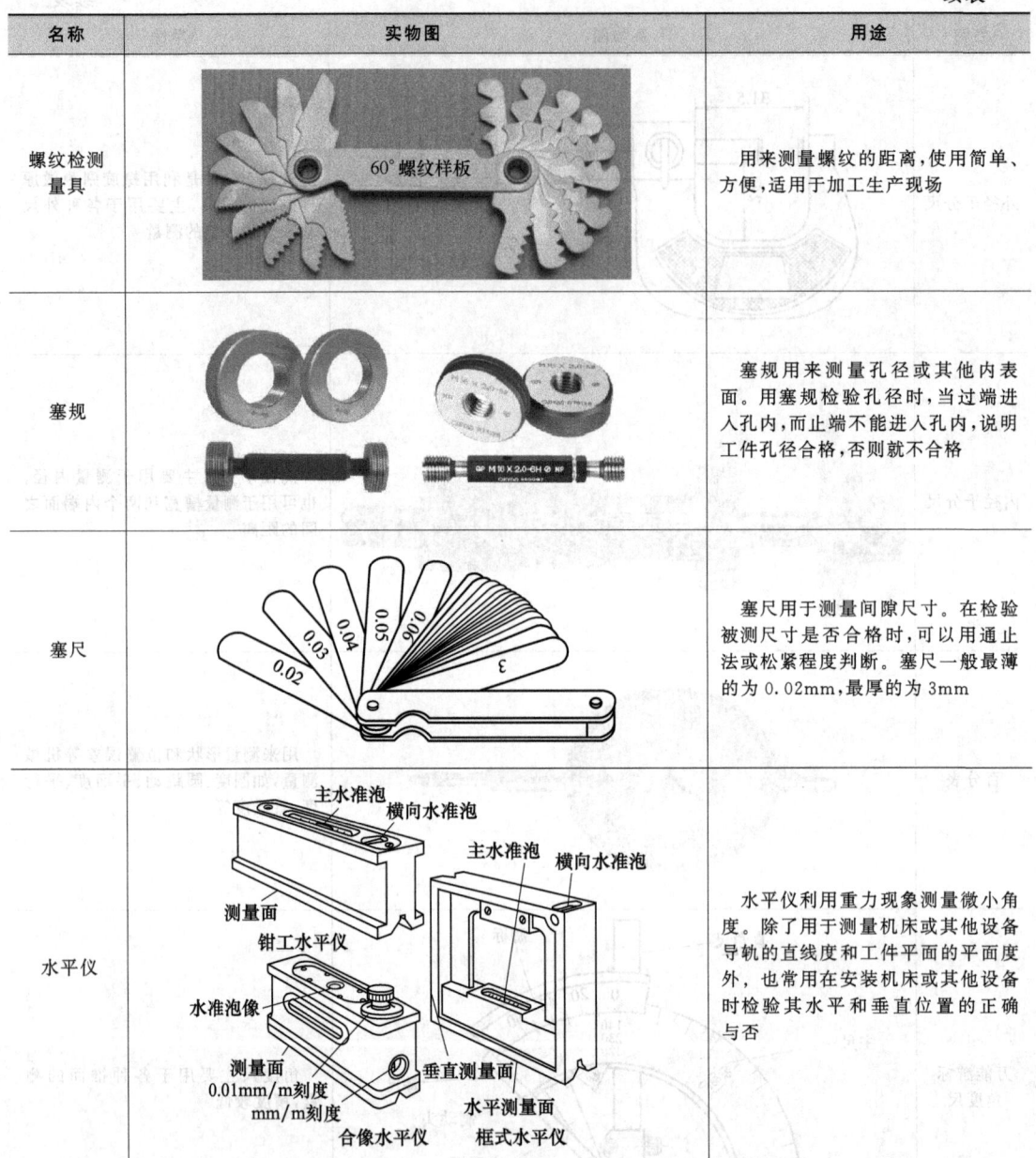

名称	实物图	用途
螺纹检测量具		用来测量螺纹的距离,使用简单、方便,适用于加工生产现场
塞规		塞规用来测量孔径或其他内表面。用塞规检验孔径时,当过端进入孔内,而止端不能进入孔内,说明工件孔径合格,否则就不合格
塞尺		塞尺用于测量间隙尺寸。在检验被测尺寸是否合格时,可以用通止法或松紧程度判断。塞尺一般最薄的为0.02mm,最厚的为3mm
水平仪		水平仪利用重力现象测量微小角度。除了用于测量机床或其他设备导轨的直线度和工件平面的平面度外,也常用在安装机床或其他设备时检验其水平和垂直位置的正确与否

2.2.4 机床夹具

在数控机床上加工工件时,为了保证加工精度,加工前首先要使工件在机床上有一个正确的位置,即定位,然后将其夹紧。工件定位与夹紧的过程又称为工件的装夹,在机床上用于装夹工件的工艺装备就称为机床夹具。

(1) 机床夹具的作用

机床夹具是机械加工过程中必不可少的部分。在机床加工过程中,其最主要的作用是用于装夹工件,使工件在机床上有一个正确的定位。在定位的基础上,机床夹具能起到以下作用。

① 有利于保证工件的加工精度。使用夹具能有效保证工件加工质量，提高机床加工精度等级。如在摇臂钻床上使用钻夹具加工平行孔系时，其位置精度可达到 0.10～0.20mm，而按普通的划线找正法加工时，其位置精度仅能控制在 0.40～1.0mm。同时由于受操作者的影响，同批生产零件的质量也不稳定。

② 可扩大机床的工艺范围。如在数控车床的床鞍上或摇臂钻床的工作台上装上镗模，就可以进行箱体或支架类零件的镗孔加工，用以代替镗床加工；在刨床上加装夹具后可代替拉床进行拉削加工等。

③ 可提高生产率。使用夹具后，不仅可省去划线找正等辅助时间，而且有时还可采用高效率的多件、多位、机动夹紧装置，缩短辅助时间，从而大大提高劳动生产率。

④ 可减轻劳动强度，如采用气动、电动夹紧。

(2) 机床夹具的类型

机床夹具的种类很多，按使用机床的类型可分为车床夹具、铣床夹具、钻床夹具、镗床夹具、加工中心夹具和其他机床夹具等；按驱动夹具工作的动力源可分为手动夹具、气动夹具、液压夹具、电动夹具、磁力夹具、真空夹具和自夹紧夹具等；按其专门化程度，机床夹具一般可分为以下五种类型。

① 通用夹具　通用夹具是指夹具的结构、尺寸已经标准化，使用时无需调整或稍加调整就可用于装夹不同工件的夹具。如三爪自定心卡盘、四爪单动卡盘、平口虎钳、万能分度头、顶尖、中心架等。采用这类夹具可缩短生产准备周期，减少夹具品种，从而降低生产成本。其缺点是定位与夹紧费时，生产率较低。通用夹具一般用于单件、小批的生产。

② 专用夹具　专用夹具是针对某一工件的某一加工工序而专门设计和制造的夹具。其最大特点是结构紧凑、操作方便。由于这类夹具是专门为某一工件的某一工序而专门制造的，产品变更后便无法利用，因而只适用于产品固定的大批量生产。

③ 可调夹具　可调夹具是针对通用夹具和专用夹具的缺陷而发展起来的，它是在加工完某一工件后，通过调整或更换个别元件，即可加工另外一种形状相似、尺寸相近的工件。可调夹具多用于多品种，中、小批生产，有较好的经济效果。

④ 组合夹具　组合夹具是按一定的工艺要求，由一套通用标准元、部件组合而成的夹具。这种夹具使用结束后可拆卸或重新组装，并且组装迅速。组合夹具能有效缩短生产周期，减少专用夹具的品种和数量，适用于单件、中小批生产及新产品的试制。

⑤ 随行夹具　随行夹具是在自动加工线中针对某一工件所采用的一种夹具。此类夹具除了担负一般夹具的装夹任务外，还担负着自动加工线输送工件的任务。

(3) 机床夹具的组成

机床夹具的种类很多，但它们的组成基本是相同的，主要由定位元件、夹紧装置、连接元件、导向元件和夹具体等几个部分组成。

① 定位元件　起定位作用，用于确定工件在夹具中的正确位置。定位元件是夹具的主要功能元件之一，其定位精度将直接影响工件的加工精度。常用的定位元件有支承钉（板）、V 形铁、定位销、定位块等。

② 夹紧装置　用于保持工件在夹具中的既定位置，使工件在加工时不致因受到切削力、重力、离心力等外力作用而产生移动。夹紧装置也是夹具的主要功能元件之一，通常包括夹紧元件（如压板、压块）、传动装置和动力装置等组成部分。

③ 连接元件　用来保证夹具和机床工作台之间的相对位置。对于钻床夹具，由于孔加

工时只要沿轴向进给就可完成，用导向元件就能保证相对位置，不必再用连接元件定位，所以一般的钻床夹具没有连接元件。

④ 导向元件　用于确定刀具相对于夹具的位置，并引导刀具进行加工的元件，称为导向元件。

⑤ 夹具体　是夹具的本体，用来连接夹具上各个元件或装置，使之成为一个整体，并能保证各元件之间的相对位置。夹具体也用来与机床的有关部位相连接。

⑥ 其他元件或装置　根据加工需要，有些夹具上还可有分度装置、靠模装置、顶出器、定位键及平衡块等其他元件或装置。

数控加工对夹具主要有两点要求：一是要保证夹具本身在机床上安装准确；二是要能协调零件和机床坐标系的尺寸关系。在选择夹具时，一般应注意以下几点：

① 夹具的结构力求简单。夹具应尽可能利用通用元件拼装的组合可调夹具，避免采用专用夹具，以缩短生产准备周期。在成批生产时才考虑采用专用夹具，并力求结构简单。

② 装卸零件要快速方便，以缩短机床的停顿时间。

③ 要使加工部位敞开，夹紧机构上的各部件不得妨碍走刀。

④ 夹具在机床上安装要准确可靠，以保证工件在正确的位置上加工。

知识应用与拓展

1. 常用刀具的材料有哪些？适合制作哪些刀具？
2. 简述刀具角度对加工的影响。
3. 如何选用切削液？
4. 如何选用机床夹具？

2.3　数控程序编制的方法介绍

数控机床的程序编制是指由分析零件图样到程序检验、加工样件的全部过程。数控机床程序编制的方法有两种，即手工编程（manual programming）和自动编程（automatically programming）。

（1）手工编程

手工编程是指所有编制加工程序的全过程，即图样分析、工艺处理、数值计算、编写程序、制作控制介质、程序校验都是由手工来完成的。手工编程比较适合批量较大、形状简单、计算方便、轮廓由直线或圆弧组成的零件的加工。主要用于点位加工（如钻、铰孔）或几何形状简单（如平面、方形槽）零件的加工，计算量小，程序段数有限，编程直观易于实现的情况等。

在实际加工中，复杂的零件占加工零件总量的 $5\% \sim 10\%$，大多数的零件并不复杂，对于点位加工或几何形状不太复杂的零件，程序编制计算比较简单，程序段不多，多采用手工编程方式。普及型数控机床采用开环控制方式，具有数控系统简单、内存容量较小等特点，要求编程人员考虑如何尽量编制较短的加工程序，合理使用编程技巧，提高程序的使用率。

对于具有空间自由曲面、复杂型腔的零件，刀具轨迹数据计算相当烦琐，工作量大，极易出错，且很难校对，有些甚至根本无法完成，就需要自动编程来完成。

（2）自动编程

自动编程是由计算机编制数控加工程序的过程。自动编程是由计算机代替人完成一些计算烦琐、手工编程困难或无法编出的程序，它能够实现形状复杂，具有非圆曲线轮廓、三维曲面等零件的编写加工。采用自动编程方法效率高，可靠性好，程序正确率高。

采用计算机代替手工编制数控加工程序的过程称为"计算机自动编程"，也称为计算机辅助编程，简称"自动编程"。它是利用通用计算机和相应前置、后置处理软件，对工件源程序或 CAD 图形进行处理，以得到加工程序的一种方法。

目前，CAD/CAM 集成系统软件是实现数控自动编程必不可少的应用软件，在国内市场上销售比较成熟的这类软件有十几种，既有国外的也有国内自主开发的，这些软件在功能、价格、适用范围等方面有很大差别。CAD/CAM 集成系统自动编程的主要特点如下。

① 数学处理能力强　对轮廓形状不是由简单的直线、圆弧组成的复杂零件，特别是空间曲面零件，以及几何要素虽不复杂，但程序量很大的零件，计算工作相当烦琐，采用手工编制程序的方法是难以完成的。例如，对一般二次曲线廓形，手工编程必须采取直线或圆弧逼近的方法，算出各节点的坐标值，其中列算式、解方程虽说能借助计算器进行计算，但工作量之大是难以想象的。而自动编程借助于系统软件强大的数学处理能力，计算机能自动计算出加工该曲线的刀具轨迹，快速而又准确。自动编程系统还能处理手工编程难以胜任的二次曲面和特殊曲面。

② 快速、自动生成数控程序　对非圆曲线的轮廓加工，手工编程即使解决了节点坐标的计算，也往往因为节点数过多，程序段很大而使编程工作又慢又容易出错。自动编程的优点之一，就是在完成计算刀具运动轨迹之后，后置处理程序能在极短的时间内自动生成数控加工程序，且该数控加工程序不会出现语法错误。当然自动生成数控加工程序的速度还取决于计算机硬件的档次，档次越高，速度越快。

③ 后置处理程序灵活多变　由于数控系统的指令形式不尽相同，机床的辅助功能也不一样，伺服系统的特性也有差别。因此，同一个零件在不同的数控机床上加工，数控加工程序也应该是不一样的。但在前置处理过程中，大量的数学处理，轨迹计算却是一致的。这就是说，前置处理可以通用化，只要稍微改变一下后置处理程序，就能自动生成适用于不同数控机床的数控程序来。后置处理相比前置处理，工作量要小得多，程序简单得多，因而它灵活多变。对于不同的数控机床，取用不同的后置处理程序，等于完成了一个新的自动编程系统，极大地扩展了自动编程系统的使用范围。

④ 程序自检、纠错能力强　复杂零件的数控加工程序往往很长，要一次编程成功，不出一点错误是不现实的。手工编程时，可能出现书写有错误，算式有问题，也可能程序格式出错，靠人工检查一个个的错误是困难的，费时又费力。采用自动编程，程序有错主要是原始数据不正确而导致刀具运动轨迹有误，或刀具与工件干涉，或刀具与机床相撞等。自动编程能够通过系统先进的、完善的诊断功能，在计算机屏幕上对数控加工程序进行动态模拟，连续、逼真地显示刀具加工轨迹和零件加工轮廓，发现问题能及时对数控加工程序中产生错误的位置及类型进行修改，快速又方便。现在，往往在前置处理阶段计算出刀具运动轨迹以后立即进行动态模拟检查，确定无误以后再进入后置处理阶段，生成正确的数控加工程序来。

⑤ 便于实现与数控系统的通信　自动编程系统可以利用计算机和数控系统的通信接口，实现自动编程系统和数控系统间的通信。自动编程系统生成的数控加工程序，可直接输入数

控系统，控制数控机床进行加工。如果数控程序很长，而数控系统的程序存储器容量有限，不足以一次容纳整个数控加工程序，编程系统可以做到边输入，边加工。自动编程系统的通信功能进一步提高了编程效率，缩短了生产周期。

（3）CAD/CAM 集成系统软件

下面列举一些常用的 CAD/CAM 集成系统软件。

① UG 系统　UG 系统是美国 UGS（Unigraphics Solutions）公司推出的一套集 CAD、CAM、CAE 功能于一体的三维参数化软件软件。它最早由美国麦道航空公司研制开发，从二维绘图、数控加工编程、曲面造型等功能发展起来。经过多年发展，该系统本身以复杂曲面造型和数控加工功能见长，还具有管理复杂产品装配，进行多种设计方案的对比分析和优化等功能。其庞大的模块群为企业提供了从产品设计、产品分析、加工装配、检验，到过程管理、虚拟运作等全系列的技术支持。目前，该软件在国际 CAD/CAM/CAE 市场上占有较大的份额，是当今最先进的计算机辅助设计、分析和制造的高端软件，用于航空、航天、汽车、轮船、通用机械和电子等工业领域。

② Pro/Engineer 系统　Pro/Engineer 是美国 PTC 公司研制和开发的软件，它开创了三维 CAD/CAM 参数化的先河。该软件具有基于特征、全参数、全相关和单一数据库的特点，可用于设计和加工复杂零件。另外，它还具有零件装配、机构仿真、有限元分析、逆向工程、同步工程等功能。Pro/Engineer 广泛应用于模具、工业设计、汽车、航天、玩具等行业，并在国际 CAD/CAM/CAE 市场上占有较大的份额。

③ CATIA 系统　CATIA 系统是法国达索（Dassault）公司推出的产品，是最早实现曲面造型的软件，它开创了三维设计的新时代。它的出现，首次实现了计算机完整描述产品零件的主要信息，使 CAM 技术的开发有了现实的基础。目前，CATIA 系统已发展成从产品设计、产品分析、加工、装配和检验，到过程管理、虚拟运作等众多功能的大型 CAD/CAM/CAE 软件。该系统主要编程功能与 APT-IV/SS 相同，并在很多方面突破了 APT-IV/SS 的限制，有了较大的改进。法制幻影系列战斗机、波音 737 及 777 的开发设计均采用 CATIA。

④ CIMATRON 系统　CIMATRON 系统是以色列 Cimatron 公司提供的 CAD/CAM 软件，是较早在微机平台上实现三维 CAD/CAM 的全功能系统。它具有三维造型、生成工程图、数控加工等功能，具有各种通用和专用的数据接口及产品数据管理（PDM）功能。该软件较早在我国得到全面汉化，已积累了一定的应用经验。

⑤ MasterCAM　MasterCAM 是由美国 CNC Software 公司推出的基于 PC 平台上的 CAD/CAM 软件，它具有很强的加工功能，尤其在对复杂曲面自动生成加工代码方面，具有独到的优势。由于 MasterCAM 主要针对数控加工，零件设计造型功能不强，但对计算机硬件的要求不高，且操作灵活、易学易用、价格较低，受到中小企业的欢迎。

⑥ CAXA 制造工程师　CAXA 制造工程师是由我国北航海尔软件有限公司自主研制开发的基于微机平台，面向机械制造业的全中文三维 CAD/CAM 软件。作为中国制造业信息化领域自主知识产权软件优秀代表和知名品牌，CAXA 已经成为中国 CAD/CAM/PLM 业界的领导者和主要供应商。它采用原创 Windows 菜单和交互方式，全中文界面，便于轻松地学习和操作。它既具有线框造型、曲面造型和实体造型的设计功能，较强的三维曲面拟合能力，又具有生成2～5轴的加工代码的数控加工功能，可用于加工具有复杂三维曲面的零件。其特点是易学易用，价格较低，已在国内众多企业和大专院校得到广泛的应用。该软件

性能优越，价格适中，在国内市场颇受欢迎。

⑦ FeatureCAM 美国 DELCAM 公司开发的基于特征的全功能 CAM 软件，全新的特征概念，超强的特征识别，基于工艺知识库 FeatureCAM 的材料库、刀具库，图标导航的基于工艺卡片的编程模式。全模块的软件，从 2～5 轴铣削，到车铣复合加工，从曲面加工到线切割加工，为车间编程提供全面解决方案。DELCAM 软件后编辑功能相对来说是比较好的。

⑧ EdgeCAM 英国 Pathtrace 公司出品的具有智能化的专业数控编程软件，可应用于 EdgeCAM 车、铣、线切割等数控机床的编程。针对当前复杂三维曲面加工特点，EdgeCAM 设计出更加便捷可靠的加工方法，目前流行于欧美制造业。英国路径公司正在进行中国市场的开发和运作，为国内的制造业的客户提供更多的选择。

⑨ VERICUT 美国 CGTECH 公司出品的一种先进的专用数控加工仿真软件。VERICUT 采用了先进的三维显示及虚拟现实技术，对数控加工过程的模拟达到了极其逼真的程度。不仅能用彩色的三维图像显示出刀具切削毛坯形成零件的 VERICUT 全过程，还能显示出刀柄、夹具，甚至机床的运行过程和虚拟的工厂环境也能被模拟出来，其效果就如同是在屏幕上观看数控机床加工零件时的录像。编程人员将各种编程软上生成的数控加工程序导入 VERICUTVERICUT 中，由该软件进行校验，可检测原软件编程中产生的计算错误，降低加工中由于程序错误导致的加工事故率。目前国内许多实力较强的企业，已开始引进该软件来充实现有的数控编程系统，取得了良好的效果。

⑩ PowerMILL PowerMILL 是英国 Delcam Plc 公司出品的功能强大、加工策略丰富的数控加工编程软件系统。采用全新的中文 WINDOWS 用户界面，提供完善的加工策略。帮助用户产生最佳的加工方案，从而提高加工效率，减少手工修整，快速产生粗、精加工路径，并且任何方案的修改和重新计算几乎在瞬间完成，缩短 85% 的刀具路径计算时间，对 2～5 轴的数控加工包括刀柄、刀夹进行完整的干涉检查与排除。具有集成的加工实体仿真，方便用户在加工前了解整个加工过程及加工结果，节省加工时间。

PowerMILL 具备完整的加工方案，对预备加工模型不需人为干预，对操作者无经验要求，编程人员能轻轻松松完成工作，更专注其他重要事情。同时也是 CAM 软件技术具有代表性的，增长率较快的加工软件。

PowerMILL 可以接受不同软件系统所产生的三维电脑模型，让使用众多不同 CAD 系统的厂商，不用重复投资。PowerMILL 是独立运行的、智能化程度最高的三维复杂形体加工 CAM 系统。CAM 系统与 CAD 分离，在网络下实现一体化集成，更能适应工程化的要求，代表着 CAM 技术最新的发展方向。与当今大多数的曲面 CAM 系统相比有无可比拟的优越性。

实际生产过程中设计（CAD）与制造（CAM）地点不同，侧重点也不相同。当今大多数曲面 CAM 系统在功能上及结构上属于混合型 CAD/CAM 系统，无法满足设计与制造相分离的结构要求。PowerMILL 实现了 CAD 系统分离，并在网络下实现系统集成，更符合生产过程的自然要求。

PowerMILL 系统操作过程完全符合数控加工的工程概念。实体模型全自动处理，实现了粗、精、清根加工编程的自动化。编程操作的难易程度与零件的复杂程度无关。CAM 操作人员只要具备加工工艺知识，只需两三天的专业技术培训，可对非常复杂的模具进行数控编程。

　　CAD/CAM 技术是科技领域中的前沿课题之一，也是当今的尖端技术——集成化制造系统核心技术的基础。它具有高智能、高效益、知识密集、更新速度快、综合性强等特点。近几年来，上述 CAD/CAM 系统的版本升级速度非常快，CAD/CAM 技术的发展和应用水平已成为衡量一个国家科技和工业现代水平的重要标志之一。

知识应用与拓展

　　数控编程的方法和常用软件有哪些？

知识巩固与技能演练

　　1. 参观机械制造工厂，或观看教学录像，熟悉机械制造生产过程。
　　2. 认识车间全部加工刀具及用途。
　　3. 认识车间量具、夹具和冷却液的规格及型号。

模块3
数控系统基本操作

学习要求：

熟悉掌握数控系统的操作；熟练完成数控机床的手动操作；熟悉 MDI 的操作过程；掌握数控机床的刀具参数管理。

3.1 常见数控系统的简介与简单操作

数控系统是一种程序控制系统，它能逻辑地处理输入到系统中的数控加工程序，控制数控机床运动并加工出零件。国内使用的数控系统有德国 SINUMERIK（西门子）、日本 FANUC（法那科）、武汉华中数控（HNC）、广州数控（GSK）等。

3.1.1 华中（HNC）数控系统

华中数控系统（HNC）是基于工业 PC 开发的开放式数控系统。其"世纪星"系列普及型（HNC-21）和功能型（HNC-22），在高校实验室、实训基地有较高的市场份额。支持 MasterCAM、UG、ProE 等 CAD/CAM 系统生成的数控加工程序。

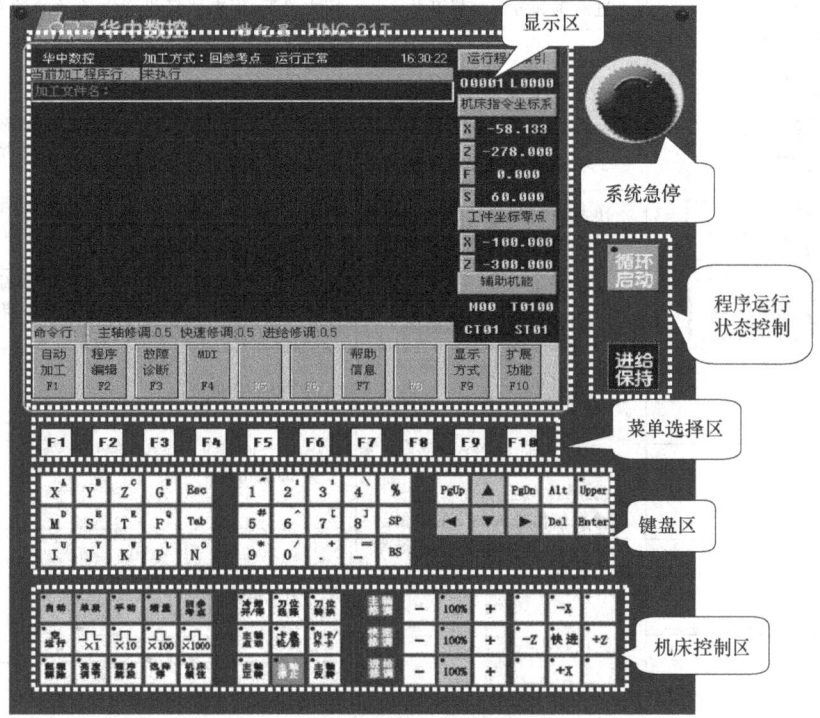

图 3-1 华中数控系统面板

（1）面板介绍

华中数控系统面板见图3-1。

（2）华中数控系统的操作说明

华中数控系统的操作按键可以分为两部分，即机床操作区和系统键盘区。

① 华中数控系统各操作键说明见表3-1。

表3-1　华中数控系统各操作键说明

图标	说明	功能说明
急停键（图）	急停键	用于锁住机床。按下急停键时，机床立即停止运动
循环启动 进给保持	循环启动/保持	在自动和MDI运行方式下，用来启动和暂停程序
自动	数控系统工作模式选择键	按下该键，进入自动运行方式
单段		按下该键，进入单段运行方式
手动		按下该键，进入手动连续进给运行方式
增量		按下该键，进入增量运行方式
回参考点		按下该键，进入返回机床参考点运行方式
+4TH −Y +Z / +X 快进 −X / −Z +Y −4TH	进给轴和方向选择开关	在手动连续进给、增量进给和返回机床参考点运行方式下，用来选择机床欲移动的轴和方向。其中的"快进"为快进开关
主轴修调 − 100% +	主轴修调 手动控制主轴实际转速	按"100%"（指示灯亮），主轴修调倍率被置为100%，按一下"+"，主轴修调倍率递增5%；按一下"−"，主轴修调倍率递减5%
快速修调 − 100% +	快速修调 手动控制G00实际输出值	按"100%"（指示灯亮），快速修调倍率被置为100%，按一下"+"，快速修调倍率递增10%；按一下"−"，快速修调倍率递减10%
进给修调 − 100% +	进给修调 手动修改F实际输出值	按"100%"（指示灯亮），进给修调倍率被置为100%，按一下"+"，进给修调倍率递增10%；按一下"−"，进给修调倍率递减10%
×1	增量倍值选择键，在增量运行方式下，用来选择增量进给的增量值	为0.001mm
×10		为0.01mm
×100		为0.1mm
×1000		为1mm

图标	说明	功能说明
	主轴旋转键	按下该键,主轴正转
		按下该键,主轴停转
		按下该键,主轴反转
	冷却开关	打开或关闭冷却液
	刀位转换键	在手动方式下,按一下刀位选择键,再按刀位转换键,刀架转动一个刀位
	超程解除	当机床运动到达行程极限时,会出现超程,系统会发出警告音,同时紧急停止。要退出超程状态,可按下此键(指示灯亮),再按该轴反方向的坐标轴键
	空运行	在自动方式下,按下该键(指示灯亮),程序中编制的进给速率被忽略,坐标轴以最大快移速度移动
	程序跳段	自动加工时,系统可跳过某些指定的程序段。如在某程序段首加上"/",且面板上按下该开关,则在自动加工时,该程序段被跳过不执行;而当释放此开关时,"/"不起作用,该段程序被执行
	选择停	选择停
	机床锁住	用来禁止机床坐标轴移动。显示屏上的坐标轴仍会发生变化,但机床停止不动

② 华中数控系统键盘说明列表 3-2 进行说明。

表 3-2　华中数控系统键盘说明

名　称	功能说明
F1、F2、…、F10	系统功能键,菜单选择
Esc	退出键
SP	与标准键盘 space 空格键功能相同
BS	与标准键盘 Backspace 退格键功能相同
Tab	与标准键盘 Tab 制表键功能相同
Alt	组合键/替换键,不单独使用,与其他键配合使用
Del	删除键
Upper	上档切换键,相当于键盘 Shift 键
Enter	回车键
字符键	这些键可以输入字母、数字或者其他字符

续表

名　称	功能说明
Pgup,Pgdn	翻页键:向上翻,向下翻
	光标移动键:有四种不同的光标移动键

3.1.2 法那科(FANUC)数控系统

FANUC 公司是日本著名的数控生产厂家。与西门子终止合作后,独立研发数控,目前生产的数控装置有 F0、F10/F11/F12、F15、F16、F18 系列,而在我国应用最广泛的是 FANUC0 系列系统。

(1)面板介绍

不同版本法那科数控系统的操作面板布局相差较大,以 FANUC0 为例,操作面板如图 3-2所示。

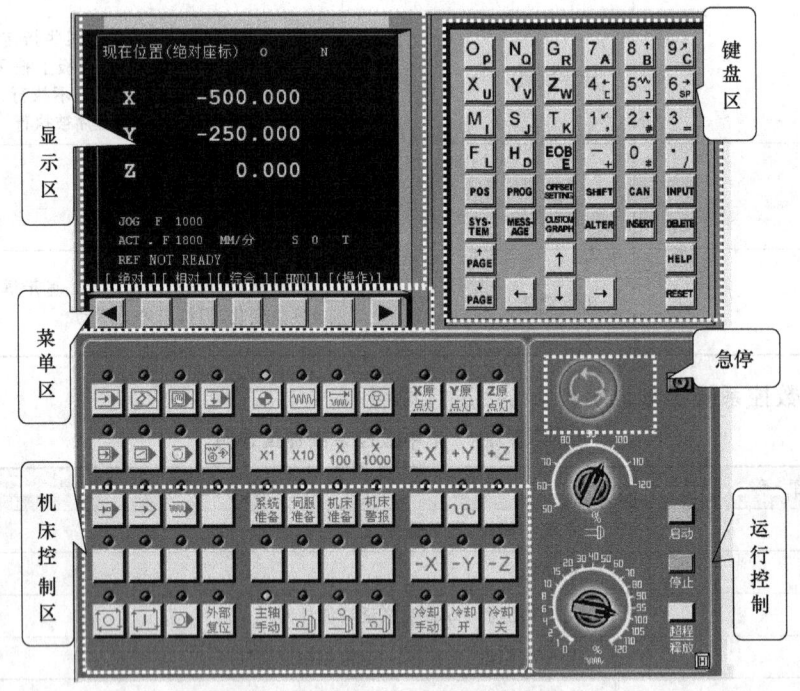

图 3-2　FANUC0 数控系统操作面板

(2)FANUC 系统基本操作

国内数控机床配置的 FANUC 系统不仅在操作面板上有较大差异,而且按键符号也存在较大差异。为方便学习,此处将 FANUC 按键进行汇编,并说明具体功能,见表 3-3。

(3)FANUC 系统手动操作与自动运行

① 开机操作步骤

a. 常规检查,检查机床的润滑站,油面应在上、下油标线之间,按钮、开关应在合理位置,机床各部位应正常。

表 3-3 **FANUC 系统数控按键说明**

键	名 称	功 能 说 明
	急停按钮，EMERGENCY STOP	按下急停按钮,使机床移动立即停止,并且所有的输出如主轴的转动等都会关闭
	电源开(绿色) 电源关(红色)	此按钮用于打开机床总电源
	循环启动 CYCLE START(绿色) 进给保持 CYCLE HOLE (红色)	在"AUTO"或"MDI"模式下,程序运行开始 程序运行暂停,在程序运行过程中,按下此按钮运行暂停。按"START"恢复运行
	主轴正转 SPINDLE FOR START(绿色)	按下此按钮主轴开始正转 按下此按钮主轴开始反转 按下此按钮主轴停止转动
	主轴反转 SPINDLE FOR REV(绿色)	
	主轴停止 SPINDLE STOP (红色)	
	进给速度调节旋钮 FEE-DRATE OVERRIDE	调节数控程序自动运行时的进给速度倍率,调节范围为 0~150%。置光标于旋钮上,点击鼠标左键,旋钮逆时针转动;点击鼠标右键,旋钮顺时针转动
	连续移动速率调节旋钮 JOG FEEDRATE OVER-RIDE	调节手动(点动)移动台面的速度,速度调节范围为 0~2000mm/min
	主 轴 倍 率 选 择 SPINDLE OVERRIDE	
	冷却液开 COOLANT 冷却液关	

键	名　称	功　能　说　明
BDT	选择跳过开关 BDT	当此按钮按下时，程序中的"/"有效
DRN	空运行 DRN	按照机床默认的参数执行程序
SBK	单段按钮 SBK	将此按钮按下后，运行程序时每次执行一条数控指令
MODE SELECT（旋钮）	编辑模式 EDIT	用于直接通过操作面板输入数控程序和编辑程序
	自动模式 AUTO	进入自动加工模式
	回零模式 ZRN(REF)	机床回零；机床必须首先执行回零操作，然后才可以运行
	MDI 模式 MDI	单程序段执行模式
	单步/手轮方式 STEP/HANDLE	手动方式，STEP 是点动；HANDLE 是手轮移动
	手动方式 JOG	手动方式，连续移动
×10	移动轴选择旋钮 AXIS	
×100	进给量选择旋钮	在手动方式或手轮方式下的移动量；×1、×10、×100 分别代表移动量为 0.001mm、0.01mm、0.1mm
TRST	换刀按钮 TRST	手动换刀按钮
RELEASE	超程释放	
单节图标	单节	此按钮被按下后，运行程序时每次执行一条数控指令
试运行图标	试运行	按照机床默认的参数执行程序

键	名　称	功　能　说　明
	单节忽略	此按钮被按下后,数控程序中的注释符号"/"有效
	选择性停止	置于"ON"位置,"M01"代码有效
	机床锁定	X、Y、Z 三方向轴全部被锁定,按下此键时机床不能移动
	辅助功能锁定	此按钮被按下后,辅助指令 M、S、T 代码被锁定(不起作用)
	Z 轴锁定	Z 方向轴被锁定,按下此键时 Z 轴不能移动
	门互锁开	数控机床的机床门是否允许被打开
	超程释放	
	吹屑开关	吹屑
	编辑模式 EDIT	
	自动模式 AUTO	
	回零模式 ZRN(REF)	
	MDI 模式 MDI	
	单步/手轮方式 STEP/HANDLE	
	手动方式 JOG	
RESET	复位键	按下此键,复位 CNC 系统,包括取消报警、主轴故障复位、中途退出自动操作循环和输入、输出过程等

键	名　称	功　能　说　明
OFFSET SETTING	参数设置	刀具偏置数值和宏程序变量的显示的设定
PROG	程序键	在编辑方式,编辑和显示在系统中的程序 在 MDI 方式,输入和显示 MDI 数据
MTCH	手动换刀	
MLK	机床锁定	X、Y、Z 三方向轴全部被锁定,此键按下时机床不能移动
SBK	单步开关	当按下此按钮时,运行程序时每次执行一条数控指令
JBK	选择跳过开关	当按下此按钮时,数控程序中的跳过符号"/"有效
DRN	空运行	按照机床默认的参数执行程序
DGNOS PRARM	自诊断的参数键	设定和显示参数表及自诊表的内容
OPRALARM	报警号显示键	按此键显示报警号
CUSTOM GRAPH	辅助图形	图形显示功能,用于显示加工轨迹
SYSTEM	参数信息键	显示系统参数信息
MESSAGE	错误信息键	显示系统错误信息
DNC	DNC 模式	从计算机读取一个数控程序
ALTER	替代键	用输入域内的数据替代光标所在的数据
DELET	删除键	删除光标所在的数据
INSRT	插入键	将输入域之中的数据插入到当前光标之后的位置上
CAN	取消键	取消输入域内的数据
EOB	回车换行键	结束一行程序的输入并且换行
AUX GRAPH		显示图形

b. 合上总电源开关,打开机床左侧的电源开关;

c. 旋开【急停】旋钮,按下 RESET 键机床复位,此时机床启动完毕。

② 回参考点　开机后的首要工作是回机床参考点。

按下 键(回参考点模式),再按【X】键,将 X 轴回参考点,对应的指示灯点亮,表明 X 轴回参考点完成;同理将 Z 轴回参考点。

注意事项:回参考点时一般先回 X 轴,再回 Z 轴,否则刀架可能与尾座发生碰撞。

③ 手动移动　按 键(手动模式),按住【X】或【Z】结合【+】或【-】建,可以使刀架按照相应的坐标轴移动。按 键(手轮模式)可以用手摇脉冲发生器(手轮)移动刀具,按【×1】、【×10】、【×100】键可以选择刀架步进移动的增量分别为 0.001mm、0.01mm、0.1mm。

④ 自动运行

a. 按【AUTO】键，或者方式选择开关置"自动 AUTO"位。

b. 调出需要自动加工的数控程序。

c. 按【循环启动】键，系统自动运行调出的数控程序。

⑤ 单段运行数控加工程序

a. 按【单段】键使其指示灯点亮。

b. 其他操作同自动运行。

c. 每个程序段的执行都需要按【循环启动】键。

（4）FANUC 系统程序的输入与编辑

① 新程序输入

a. 按【编辑】键或方式选择开关置"编辑 EDIT"位。

b. 程序保护钥匙开关置"解除"位。

c. 按【PROGRAM】键。

d. 通过 MDI 键盘键入地址 O，即按【O】键。

e. 键入新程序号（数字），如 0001。

f. 按【INSERT】键。

② 搜索并调出编辑程序　搜索并调出已注册程序的操作方法如下。

a. 按【编辑】键，或者方式选择开关置"编辑 EDIT"位。

b. 按【PROGRAM】键。

c. 通过 MDI 键盘键入地址 O，即按【O】键。

d. 键入程序号（数字），如 0002。

e. 按【O 检索】软键，被搜索的程序号及程序内容会出现在屏幕中。

③ 插入　该功能用于录入或编辑程序，操作方法如下。

a. 用上述方法调出需要编辑或录入的注册程序。

b. 使用翻页键和上下光标键将光标移动到插入位置的前一个地址字处。

c. 键入需要插入的内容，程序段结束符";"按【EOB】键键入。此时键入的内容会出现在屏幕下方，该位置被称为输入缓存区。

d. 按【INSERT】键，输入缓存区的内容被插入到光标所在地址字的后面，光标显示在被插入的最后一个地址字处，插入完毕。

e. 当输入内容在输入缓存区时，按【CAN】键可以一个个地向前删除字符。

④ 删除　调出需要编辑或输入的程序。

a. 删除一个地址字

ⅰ. 使用翻页键和上下光标键将光标移动到需要删除的地址字处。

ⅱ. 直接按【DELETE】键将删除光标所在位置的地址字，光标移至下一个地址字处。

b. 删除一个程序段

ⅰ. 使用翻页键和上下光标键将光标移动到需要删除程序段的地址 N 处。

ⅱ. 按【EOB】键。

ⅲ. 按【DELETE】键。删除到程序段的结束，光标移至下一个地址字处。

c. 删除多个程序段

ⅰ. 使用翻页键和上下光标键将光标移动到需要删除部分的第一个地址 N 处。

ⅱ. 按【N】键键入地址 N，键入要删除部分最后程序段的顺序号。

　　ⅲ. 按【DELETE】键，多个程序段被删除。

　　d. 删除一个程序　键入一个程序号后，按【DELETE】键，指定程序号的程序将被删除。

　　⑤ 修改一个地址字　调出需要修改的程序。

　　a. 使用翻页键和上下光标键将光标移动到需要修改的地址字处。

　　b. 键入替换该地址字的内容，可以是一个地址字，也可以是几个地址字甚至几个程序段（只要输入缓存区容纳得下）。

　　c. 按【ALTER】键，光标所在位置的地址字被输入缓存区的内容替代。

知识应用与拓展

　　按本节指引，操作数控机床，完成前述操作。

3.2　HNC-21/22 数控系统的操作专项训练

3.2.1　手动控制机床练习

　　熟练操作数控机床可以减少失误，提高效率。机床手动操作练习包括主轴手动控制、机床回零、进给轴的手动控制和其他手动操作。

　　（1）主轴手动控制训练

　　在"手动"或"增量"工作方式下：

　　按下"主轴正转"，观察主轴转速，并记录 S_0 值；

　　按下"主轴修调—100%"，观察主轴转速，并记录 S_{100} 值；

　　按下"主轴修调—+"，观察主轴转速，并记录 S_1 值；

　　按下"主轴修调——"，观察主轴转速，并记录 S_2 值；

　　对比各 S 值之间的分辨率关系。

　　按下"主轴停止"，观察主轴停止动作。

　　按下"主轴反转"，观察主轴转向变化。

　　（2）机床回零操作训练

　　机床回零，也叫回参考点。该操作是让机床各进给轴回到机床坐标系的原点。

　　选择机床工作模式"回参考点"，分别按下"+X"，"+Y"，"+Z"。特别注意，此操作必须保证刀具不能与工件、机床夹具、机床尾座等发生碰撞。

　　（3）进给轴的手动控制训练

　　① 点动控制轴移动　按下"手动"按键（指示灯亮），系统处于点动运行方式。

　　按住"+X"或"−X"按键（指示灯亮），X 轴产生正向或负向连续移动；松开"+X"或"−X"按键（指示灯灭），X 轴减速停止。此过程可以与"进给修调—100%、+或−"配合练习，并观察 F 值变化。

　　按下"+Y""−Y""+Z""−Z"按键，使 Y、Z 轴产生正向或负向连续移动。

　　在点动进给时，先按下"快进"按键不松开，然后再按 X、Y、X 坐标轴按键，则该轴将产生快速运动。此过程可以与"快速修调—100%、+或−"配合练习。

② 进给轴的增量控制移动 按下"增量"按键（指示灯亮），系统处于"手摇（手轮，手持单元盒）"运行方式；选择"X"轴或"Z"，分别在"×1、×10、×100、×1000"挡时，手摇移动进给轴。

③ 超程解除 当进给轴的移动超出行程范围时，须采用这种返回方式。

同时按下"超程解除"和"手动"键不松手，再按该进给轴的反向移动键。

（4）其他控制动作练习

① 换刀 先按一下"刀位选择"，再按"刀位转换"，则完成一次正向选刀。

② 冷却 按下"冷却"，冷却泵接通电源，冷却液喷出；再按一次，则关闭冷却。

③ 液压卡盘 按"卡盘松/紧"，观察液压卡盘动作。

④ 液压车床尾座 按"套筒伸出/缩回"，观察液压尾座动作。

3.2.2 MDI 运行练习

（1）进入 MDI 运行方式

在系统控制面板上，按下菜单键中第 4 个按键——"MDI F4"（见图 3-3），进入 MDI 功能子菜单。

图 3-3 系统控制面板菜单

在 MDI 功能子菜单下，按下第 6 个按键——"MDI 运行 F6"（见图 3-4），进入 MDI 运行方式。

图 3-4 MDI 功能子菜单

这时就可以在 MDI 一栏后的命令行内输入 G 代码指令段，如图 3-5 所示。

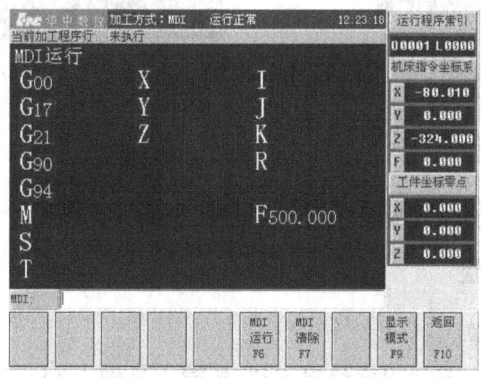

图 3-5 输入 G 代码指令段

（2）输入 MDI 指令段并运行

有两种输入方式：一次输入多个指令字；多次输入，每次输入一个指令字。

例如，要输入"G00 X100 Y1000"，可以直接在命令行输入"G00 X100 Y1000"，然后

按 Enter 键，这时显示窗口内 X、Y 值分别变为 100、1000。

在命令行先输入"G00"，按 Enter 键，显示窗口内显示"G00"；再输入"X100"按 Enter 键，显示窗口内 X 值变为 100；最后输入"Y1000"，然后按 Enter 键，显示窗口内 Y 值变为 1000。

在输入指令时，可以在命令行看见当前输入的内容，在按 Enter 键之前发现输入错误，可用 BS 按键将其删除；在按了 Enter 键后发现输入错误或需要修改，只需重新输入一次指令，新输入的指令就会自动覆盖旧的指令。

输入完成一个 MDI 指令段后，按下操作面板上的"循环启动"按键，系统就开始运行所输入的指令。

3.2.3　刀具参数管理

（1）进入数据设置菜单

在系统控制面板上，按下菜单键中第 4 个按键——"MDI F4"（见图 3-3），进入 MDI 功能子菜单。

在 MDI 功能子菜单下，可以使用菜单键中的"刀具表 F2"和"坐标系 F3"来设置刀具、坐标系数据，如图 3-6 所示。

（2）设置刀具数据

按下"刀具表 F2"按键，进入刀具设置窗口，进行刀具设置，如图 3-7 所示。

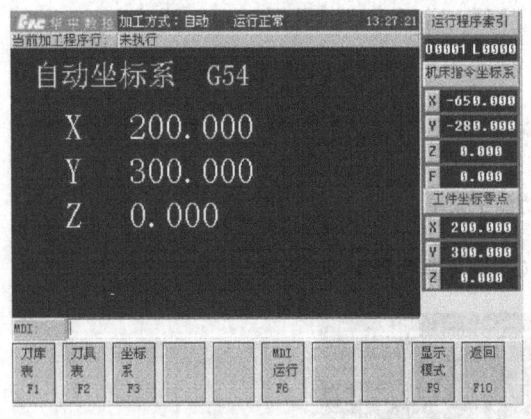

图 3-6　设置刀具、坐标系数据

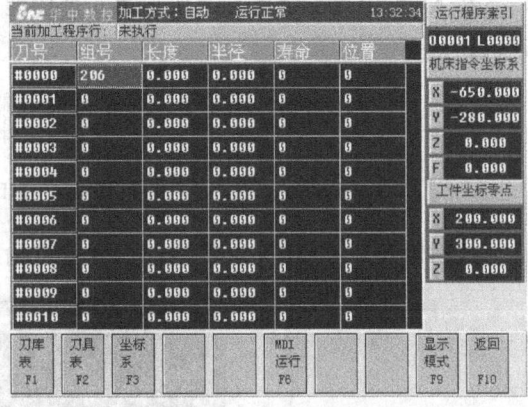

图 3-7　设置刀具数据

用鼠标点中要编辑的选项；输入新数据，然后按 Enter 键确认。

3.2.4　程序编辑与校验

（1）进入程序编辑菜单

在系统控制面板下，按下"程序编辑 F2"按键（见图 3-4），进入编辑功能子菜单。

在编辑功能子菜单下，可对零件程序进行编辑等操作，如图 3-8 所示。

（2）选择编辑程序

按下"选择编辑程序 F2"按键，会弹出一个含有三个选项的菜单（见图 3-9）：磁盘程序、正在加工的程序、新建程序。

图 3-8 编辑功能子菜单

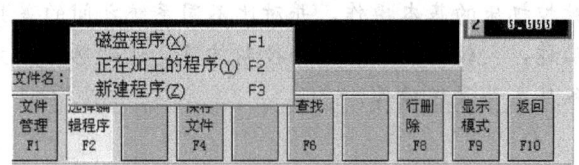

图 3-9 含有三个选项的菜单

当选择了"磁盘程序"时，会出现 windows 打开文件窗口，用户在电脑中选择事先做好的程序文件，选中并按下窗口中的"打开"键将其打开，这时显示窗口会显示该程序的内容。

当选择了"正在加工的程序"，如果当前没有选择加工程序，系统会弹出提示框，说明当前没有正在加工的程序。否则显示窗口会显示正在加工的程序的内容。如果该程序正处于加工状态，系统会弹出提示，提醒用户先停止加工再进行编辑。

当选择了"新建程序"，这时显示窗口的最上方出现闪烁的光标，这时就可以开始建立新程序了。

（3）编辑当前程序

在进入编辑状态、程序被打开后，可以将控制面板上的按键结合电脑键盘上的数字和功能键来进行编辑操作。

删除：将光标落在需要删除的字符上，按电脑键盘上的 Delete 键删除错误的内容。

插入：将光标落在需要插入的位置，输入数据。

查找：按下菜单键中的"查找 F6"按键，弹出对话框，在"查找"栏内输入要查找的字符串，然后按"查找下一个"，当找到字符串后，光标会定位在找到的字符串处。

删除一行：按"行删除 F8"键，将删除光标所在的程序行。

将光标移到下一行：按下控制面板上的上下箭头键。每按一下箭头键，窗口中的光标就会向上或向下移动一行。

（4）保存程序

按下"选择编辑程序 F2"按键；在弹出的菜单中选择"新建程序"；弹出提示框，询问是否保存当前程序，按"是"确认并关闭对话框。

（5）程序校验

按照前面介绍的方法，打开要加工的程序；按下机床控制面板上的"自动"键，进入程序运行方式；在程序运行子菜单下，按"程序校验 F3"按键，程序校验开始；如果程序正确，校验完成后，光标将返回到程序头，并且显示窗口下方的提示栏显示提示信息，说明没有发现错误。

知识应用与拓展

完成数控系统菜单操作，程序管理，MDI 等操作。

知识巩固与技能演练

1. 独立完成校内数控机床的基本操作，并对比不同系统之间的差异。
2. 手动控制机床动作，主轴控制、进给轴控制练习，达到熟练为主。
3. 独立完成数控程序文件管理操作。

模块4
编程基础知识

学习要求：

  了解常用数控系统编程格式；掌握华中数控程序格式标准；熟记默认指令字的定义；理解工件坐标系；了解宏程序的基础知识。

4.1 常见数控系统编程格式

  数控程序是控制机床运动及动作的一系列指令的有序集合。数控指令控制刀具按照直线或者圆弧及其他曲线运动，控制主轴的回转、停止、切削液的开关、自动换刀装置等。一个完整的零件加工程序是由若干程序段组成，程序段是由若干字组成，每个字又由字符（字母和数字）组成。每种数控系统都有其特定的编程结构、句法和格式规则，对于不同的机床，程序格式是不同的。所以编程员在编程之前，要认真阅读所用机床的说明书，严格按照规定格式进行编程。

4.1.1 数控程序的组成及格式

  通过一个数控程序的例子，如图4-1所示，来认识数控程序的组成结构，其程序如下。

%411 程序名

TO101 刀具指令

M03 S600 辅助指令

G00 X21 Z3 G功能 X地址字

G71 U0.5 R1 P1 Q2 X0.6 Z0.1 F10000

N1 G01 X0

#10＝0   ;A坐标

WHILE #10LE 8 ;精加工条件判断,循环开始

#11＝#10*#10/2 ;B坐标

G01 X[2*#10] Z[-#11]F1500

#10＝#10+1

ENDW 循环结束

G01 X16 Z-32

Z-40

N2 G00 X20.5

G0 X21 Z3

M30 程序结束

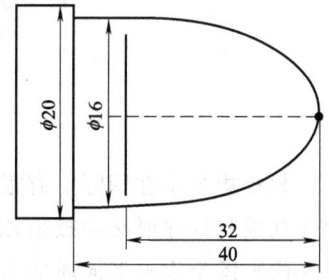

图4-1 数控加工零件实例

（1）加工程序的一般组成格式

通过上面的例子可以看出，数控程序由以下四个主要部分组成。

① 程序开始符、结束符   程序开始符、结束符是同一个字符，ISO 代码中是％，EIA 代码中是 EP，书写时要单列一段。

② 程序名（或程序号）   单列一行，有两种形式，一种是以规定的英文字母（通常为 O）为首，后面接若干位数字（通常为 2 位或 4 位），如 O0010，也可称为程序号；另一种是以英文字母、数字和符号"-"混合组成，比较灵活。程序名具体采用何种形式由数控系统决定。

③ 程序主体   程序主体是由若干个程序段组成的，也是加工零件的程序主体，控制机床的每一个动作。每个程序段一般占一行。程序主体可以分为主程序和子程序（可以没有）。

④ 程序结束指令   程序结束指令可以用 M02 或 M30。一般要求单列一段。

（2）程序段格式

程序段是可作为一个单位来处理的、连续的字组，是数控加工程序中的一条语句，例如：N30 G01 X88 Y66 F500 S1000 T01 M07。程序段格式是指程序段中的字、字符和数据的安排形式。每个程序指令字表示一个功能指令，因此又称为功能字。功能字由字首和随后的若干个数字组成。程序段格式如图 4-2 所示。

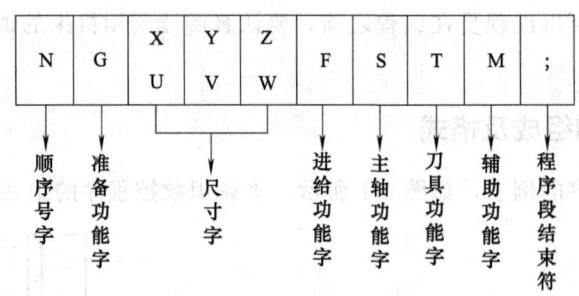

图 4-2   数控程序段的一般格式

数控指令字在国际上有很多规范、标准，并不一致，由各个数控机床生产厂家所定义，因此在编制程序时必须按所用数控机床编程手册中的规定进行。我国和国际上都广泛使用 ISO 代码指令代码来描述加工工艺过程和控制数控机床的各种运动。

（3）ISO 代码功能字的定义

数控机床的代码可以分为"模态"代码和"非模态"代码两类。程序运行到"模态代码"时，会一直执行该代码的功能，除非由同组代码注销，如快速定位、直线、圆弧可以相互注销。在程序运行"非模态代码"仅在当前程序段有效，与前后程序段无关。

常用指令字说明如下。

① 程序段号 N   用来表示程序从启动开始操作的顺序，即程序段执行的顺序号。它用地址码"N"和后面的三位数字表示。

② 准备功能字 G   准备功能字的地址符是 G，又称 G 功能或 G 指令。它是建立机床或控制数控系统工作方式的一种命令，一般用来规定刀具和工件的相对运动轨迹（即插补功能）、机床坐标系、坐标平面、刀具补偿和坐标偏置等多种加工操作，以及厂家自定义的多

种固定循环指令和宏指令调用等。它由地址符 G 及其后的两位数字或三位数字组成。一个数控系统的 G 代码多少可衡量其功能的强弱。

③ 尺寸字（数值） 尺寸字是给定机床各坐标轴位移的方向和数据的，它由各坐标轴的地址代码、数字构成。尺寸字一般安排在 G 功能字的后面。尺寸字的地址代码，对于进给运动为 X、Y、Z、U、V、W、P、Q、R；对于回转运动为 A、B、C、D、E。此外，还有插补参数字 I、J、K 等。

④ 主轴转速功能字 S 主轴转速功能字的地址符是 S，所以又称 S 功能或 S 指令。它由主轴转速地址符 S 及数字组成，数字表示主轴转数，其单位按系统说明书的规定。现在一般数控系统主轴已采用主轴控制单元，能使用直接指定方式，即可用地址符 S 的后续数字直接指定主轴转数。例如，若要求 1200r/min，则编程指令为 S1200。

⑤ 进给功能字 F 进给功能字的地址符是 F，所以又称 F 功能或 F 指令。它由进给地址符 F 及数字组成，数字表示切削时所指定的刀具中心运动的进给速度。这个数字的单位取决于每个系统所采用的进给速度的指定方式。现在一般数控系统都能使用直接指定方式，即可用地址符 F 的后续数字直接指定进给速度。对于车床系统，可分为每分钟进给和主轴每转进给两种方式表示，一般分别用 G94、G95 规定；对于铣床系统，一般只用每分钟进给方式表示。

F 地址在螺纹切削程序段中还常用来指定螺纹导程。

⑥ 刀具功能 T 刀具功能字的地址符是 T，所以又称 T 功能或 T 指令。它用以指定切削时使用的刀具的刀号及刀具自动补偿时编组号。其自动补偿的内容有：刀具对刀后的刀位偏差、刀具长度及刀具半径补偿。

在编程中，其指令格式因数控系统不同而异，主要格式有以下两种。

a. 采用 T 指令编程。由刀具功能地址符 T 和数字组成。T 后面的数字用来指定刀具号和刀具补偿号。

b. 采用 T、D 指令编程。用 T 功能指令选择刀具号，使用 D 功能选择相关的刀具偏置量。

⑦ 辅助功能（简称功能）M 辅助功能字的地址符是 M，所以又称 M 功能或 M 指令。它由辅助功能地址符 M 和两位数字组成，主要用于表示数控程序停止、主轴启动及顺和逆、主轴停止、换刀、程序结束并返回、冷却液开与关等功能的指令、各种进给操作时的辅助动作及其状态。辅助功能指令有 M00～M99，共计 100 种，我国 JB/T 3208—1999 标准对 M 指令的功能进行了定义。

常用功能指令字，可参见附录 1。

4.1.2 华中（HNC）数控程序格式标准

华中（HNC）数控系统要求文件名要以字母 "O" 开头（否则会出现目录里没有文件的现象），地址 O 后面必须有四位数字或字母；程序名要以 "%" 开头，后面跟四位数字。指令字、程序段、程序的一般结构均与上节所述相差不多。如图 4-3 所示。

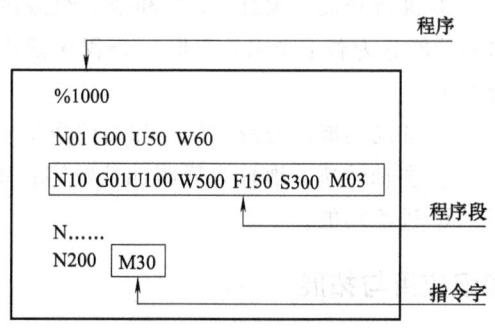

图 4-3 HNC 程序的组成

一个程序段定义一个将由数控装置执行的指令行。程序段的格式定义了每个程序段中功能字的句法,华中数控系统的程序段格式如图 4-4 所示。

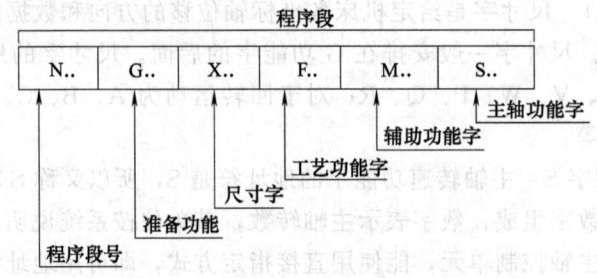

图 4-4 华中数控系统的程序段的组成

补充说明:

※在一个程序段中间如果有多个相同地址的字出现,或者同组的 G 功能,取最后一个有效。

※程序行号 Nxxxx,可以不要,但是在车削固定循环时,必须有行号;有行号的情况下,在编辑时会方便些查找。行号可以不连续。行号最大为 9999,超过后从再从 1 开始。

※选择跳过符号"/",只能置于一程序的起始位置,如果有这个符号,并且机床操作面板上"选择跳过"打开,本条程序不执行。这个符号多用在调试程序,如在开冷却液的程序前加上这个符号,在调试程序时可以使这条程序无效,而正式加工时使其有效。

4.1.3 法那科(FANUC)数控程序格式标准

法那科与国内数控程序的程序格式非常相近,地址都是一个英文字母。在一个程序段中间如果有多个相同地址的字出现,或者同组的 G 功能,取最后一个有效。一个程序段中各个字的位置没有限制,程序员习惯以 N__G__X__Y__Z__F__S__T__M__排列方式,即:行号__准备功能__位置代码__进给速度__主轴转速__刀具号__辅助功能__。

① 行号。程序段前的 N__为行号,可以不要,但在循环运行时,必须指定行号。行号可以不连续。行号最大为 9999,超过后从再从 1 开始。行号编排建议以 N10,N20,N30,…的方式编排。

② 选择跳过符号"/",只能置于一程序的起始位置,如果有这个符号,并且机床操作面板上"选择跳过"打开,本条程序不执行。这个符号多用在调试程序,如在开冷却液的程序前加上这个符号,在调试程序时可以使这条程序无效,而正式加工时使其有效。

③ 准备功能。地址"G"和数字组成的字表示准备功能,也称之为 G 功能。G 功能根据其功能分为若干个组,在同一条程序段中,如果出现多个同组的 G 功能,那么取最后的指令字。

④ 辅助功能。地址"M"和两位数字组成的字表示辅助功能,也称之为 M 功能。

⑤ 主轴转速。地址 S 后跟四位数字;单位为转/分钟(r/min)。

⑥ 进给功能。

知识应用与拓展

华中数控系统与法那科数控系统的异同有哪些?

4.2 数值限定指令说明

数控程序中，相同尺寸数字在不同情况下所达的意义不同，应用的场合也大不相同。

（1）编程坐标平面的选择

编程坐标平面选择指令 G17、G18、G19 不仅选择编程平面，也限定了数据插补运算平面（如：圆弧插补的平面和刀具补偿平面）。例如华中数控系统：G17 表示选择 XY 平面，G18 表示选择 ZX 平面，G19 表示选择 YZ 平面。如图 4-5 所示。

一般情况下，数控车床默认在 ZX 平面内加工，数控铣床默认在 XY 平面内加工。

（2）绝对值与增量值编程

数控程序中的坐标指令 X、Y、Z 后面的尺寸数字是用来指定刀具运动终点数值。计算方法有两种：绝对量和相对量。

绝对量：刀具的终点值都是以工件"坐标系的原点"计算的，称为绝对坐标。常用 G90 定义（系统默认，缺省值，可不写）。

增量值：刀具的终点值是以相对于刀具的前一位置（或起点）计算的，称为增量（相对）坐标，常用 G91 定义。

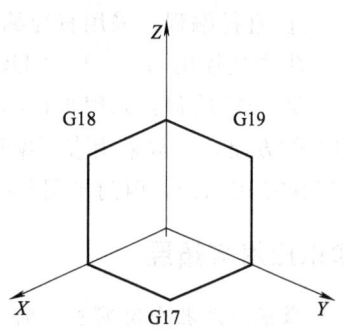

图 4-5 编程坐标平面的确定

两者的关系为：增量值＝终点绝对量－起点绝对量。

不少数控系统的增量编程采用 U、V、W 来表示，依次对应 X、Y、Z 轴的增量值（数控车床使用较多）。

（3）进给尺寸单位选择

公制和英制是国际较为通用的长度单位，两种标准都可以用于数控编程加工。公制单位用 G21（缺省值），单位为 mm，英制指定指令用 G20，单位为 inch（英寸）。

也有数控系统将脉冲当量（数控系统发出单个脉冲，执行部件移动的最少位移量）作为单位。例如华中数控用 G22 指定程序"脉冲当量输入"，坐标指令字后面是机床脉冲数量。

（4）进给速度单位的设定

进给速度单位指令有每分钟进给 G94，每转进给 G95。G94/G95 的单位由 G20/G21/G22 指定。

（5）极坐标指令

大部分零件的编程是以直角坐标进行编程和计算的，但华中数控、法那克等数控系统也提供了极坐标编程指令。极坐标编程可以使不少零件编程变得非常方便简单，省去不少计算。

① FANUC 系统极坐标指令格式：G16 X＿ Y＿（建立极坐标，X＿ Y＿为极点在工件坐标系中的坐标；其中 X 为极半径，极坐标半径定义该点到极点的距离；Y 为极角度，极角是指与所选平面第一坐标之间的夹角）

G15（极坐标取消）

② 华中系统指令格式：G38 X＿ Y＿ AP＝＿ RP＝＿（X＿ Y＿为极点在工件坐标系

中的坐标；AP 表示极角度，极角是指与所在平面中的第一轴之间的夹角；RP 表示极半径，极半径定义该点到极点的距离）

（6）恒线速度指令（数控车床）

在连续切削加工过程中，为获得统一的零件表面质量，可以启用恒线速度切削指令。例如在华中数控系统中有：

G96：恒线速度有效。G96 后面的 S 值为切削的恒定线速度，单位为 m/min。

G97：取消恒线速度功能。G97 后面的 S 值为取消恒线速度后指定的主轴转速，单位为 r/min；如缺省，则为执行 G96 指令前的主轴转速度。

注意：使用恒线速度功能，主轴必须能自动变速。

（7）直径编程与半径编程（数控车床）

① 直径编程：采用直径编程时，数控程序中 X 轴的坐标值即为零件图上的直径值。例如，华中数控用 G36，FANUC 用 G23，西门子用 DIAMON。

② 半径编程：采用半径编程，数控程序中 X 轴的坐标值为零件图上的半径值。考虑使用上的方便，一般采用直径编程。CNC 系统缺省的编程方式为直径编程。华中数控用 G37，FANUC 用 G22，西门子用 DIAMOF。

知识应用与拓展

数值限定指令有哪些？哪些是系统默认的？

4.3 固定动作指令

4.3.1 程序暂停指令 G04

指令格式：G04 P____

指令说明：程序运行至此段，进给暂停____秒，后继续运行后面程序段。

4.3.2 返回参考点 G28 与参考点返回 G29

返回刀参考点 G28 X____ Z____

由参考点返回 G29 X____ Z____

例如，执行下面程序，机床刀具移动轨迹如图 4-6 所示。

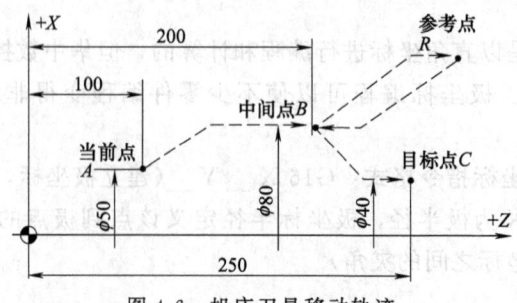

图 4-6 机床刀具移动轨迹

```
%2829
N1 T0101
N2 G00 X50 Z100
N3 G28 X80 Z200
N4 G29 X40 Z250
N5 G00 X50 Z100
N6 M30
```

知识应用与拓展

华中数控中 G28 与 G29 的区别是什么？画简图说明。

4.4　工件坐标系的建立——对刀

编程之前，首先要在零件图上选定出某一"特定参考点"，作为该零件的编程坐标系原点——"程序原点"，零件图线的中心点、基点、节点的坐标值均以此为参照。编程坐标系轴的方向与机床坐标系方向一致。有了编程坐标系，才能进行编程。

在加工时，工件可以在机床行程范围内任意装夹，处在机床坐标系下某一个位置，工件（中心或节点）的坐标值不确定。所以必须以工件的某一"特定参考点"为原点，建立一个新的坐标系——工件坐标系。

为保证加工工件与零件图统一，工件坐标系应与编程坐标系重合。两者在根本上是统一的，可以不做区分。

对刀的目的是建立工件坐标系，以此来确定机床刀具与被加工工件在机床坐标系下的相对位置关系。

4.4.1　刀位点与对刀点

所谓对刀，是工件在机床上定位装夹后，将刀具移动到指定的对刀点上，使刀具的刀位点与对刀点重合。对刀的目的就是为设立工件坐标系，建立程序的坐标原点（程序原点）。对刀时，工件上被选取作为参照的该点，称为对刀点。

（1）刀位点的选择

数控刀具千差万别，形状各异，但在编程和对刀时，须将其抽象为一点，也是刀具的定位基准点，称为刀位点。常见刀具的刀位点如图 4-7 所示。

（2）对刀点的选择

对刀点选定是为了确定机床坐标系与工件坐标系之间的相互位置关系。对刀点的设置没有严格规定，可以设置在工件上，也可以设置在夹具上，但在编程坐标系中必须有确定的位置，如图 4-8 所示的 X_1 和 Y_1。对刀点既可以与编程原点重合，也可以不重合，主要取决于加工精度和对刀的方便性。当对刀点与编程原点重合时，$X_1=0$，$Y_1=0$。

对刀精度要求不高时，可直接选用零件上或夹具上的某些表面作为对刀面。

对刀精度要求较高时，对刀点应尽量选在零件的设计基准或工艺基准上。

成批生产时，为减少多次对刀带来的误差，常将对刀点作为程序的起点，同时也作为程

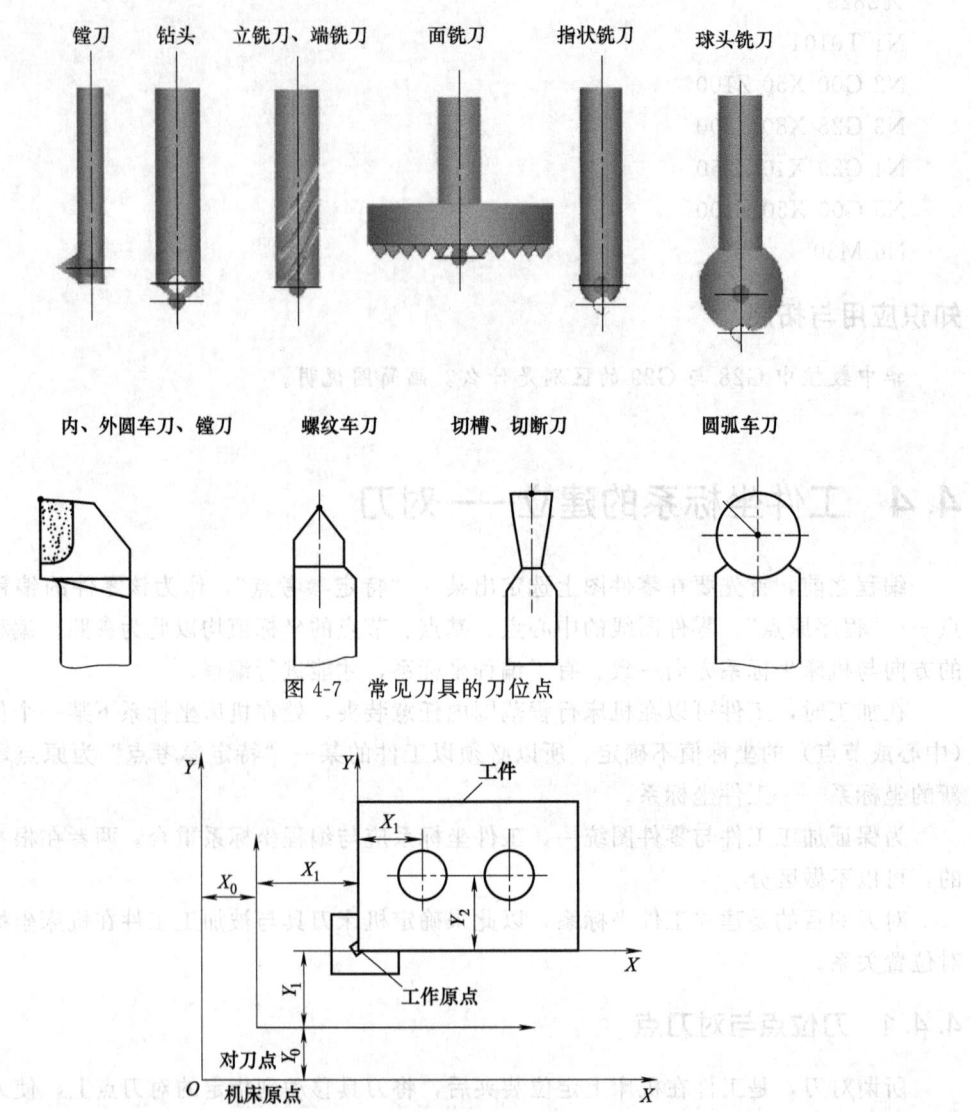

镗刀　　钻头　　立铣刀、端铣刀　　面铣刀　　指状铣刀　　球头铣刀

内、外圆车刀、镗刀　　螺纹车刀　　切槽、切断刀　　圆弧车刀

图 4-7　常见刀具的刀位点

图 4-8　对刀点和换刀点

序的终点。选定对刀点的原则：

① 便于数学处理和程序编制。

② 在机床上找正容易。

③ 加工过程中检查方便、可靠。

④ 引起的加工误差小。

用手动对刀操作，对刀精度较低，且效率低。可以采用光学对刀镜、对刀仪、自动对刀装置等，以减少对刀时间，提高对刀精度。

（3）换刀点

对数控车床、镗铣床、加工中心等多刀加工数控机床，在加工过程中需要进行换刀，编程时应考虑不同工序之间的换刀位置，设置换刀点。

换刀点的位置应保证换刀时刀具与工件或机床不发生碰撞，同时要尽量减少换刀时的空行程距离。

4.4.2　临时工件坐标系 G92

G92 指令使用简单，可以很方便地帮助初学者建立工件坐系。在使用 G92 指令前，必须保证机床处于加工起始点，该点也称为 G92 的对刀点。

指令格式：G92　X＿＿＿＿＿　Y＿＿＿＿＿　Z＿＿＿＿＿

指令说明：程序运行到此指令时，会将当前刀具位置设定为 G92 坐标系下的坐标值。如：G92 X0 Y0 Z0；则刀具当前的位置就为 G92 坐标系的零点。也可以理解为 G92 用来指定刀具当前位置与工件坐标系（G92 坐标系）相对位置的关系。如果运行 G92 X30 Y30 Z20；则刀具当前的位置值被指定为 X30，Y30，Z20。如图 4-9 所示。

G92 指令可以在程序中使用，也可以在在 MDI 方式运行。例如，通过手动或自动方式将刀具移动到相对工件的某一位置时，运行 G92 X30 Y30 Z20；则刀具当前点被定义为 G92 坐标系下的坐标值。如图 4-9 所示。

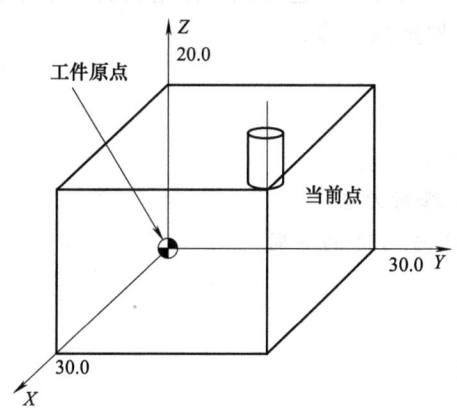

图 4-9　G92 对刀具当前位置的定义

G92 属于模态指令，并不产生运动。可在程序中出现若干次，其零点的机床坐标值可在程序中多次重新指定；机床断电后 G92 设定工件坐标系的值将不存在，所以常被称为临时工件坐标系。

这种方法不用计算和记忆铣刀所在位置的机床坐标值数据，操作上相对来说较为简单。但初学数控的人在 MDI 方式下输入 G92X0Y0Z0 后较容易忘记按"Enter"键和运行 MDI，所以初学者用这种方法进行工件坐标系原点的设定时一定要小心，否则工件坐标系原点设定失败，且容易造成运行程序的事故。

用 G92 的方式建立工件坐标系后，加工程序中不能有 G54、G55 等指令，否则将使 G92 建立的工件坐标系无效，甚至会造成撞刀事故。

此外，暂停程序运行、手动控制机床等操作时，G92 坐标系的原点极容易被改变。不适合用在多加工、机床断电、程序断点保存加工等场合。

4.4.3　固定工件坐标系 G54～G59

G54～G59 为选择工件坐标系指令。一个程序中，最多可以选择六个坐标系——G54、

G55、G56、G57、G58、G59；选定的坐标系，需要在程序运行前建立，不能在程序中指定。这六个坐标系确立后，其原点的机床坐标值存储在寄存器中，不受其他情况影响（机床坐标轴移动或断电）而丢失，除非重新设定。这是与 G92 最大的区别之处。

使用该指令前，先用 MDI 方式输入该坐标系原点，在程序中使用对应的 G54～G59 之一，就可建立该坐标系，并可使用定位到加工起始点。

例如华中数控系统的操作方法是：按数控系统的主菜单键"设置"F5 键—再按功能键 F1 键（一级子菜单显示下的"坐标系的设定"）—再按功能键 F1 键（二级子菜单显示下的"G54 坐标系"）—输入 X 轴、Y 轴、Z 轴的机床坐标值，并按"Enter"键—在 MDI 方式下输入 G54，并运行（机床须处于自动或单段工作模式）。

这种方法要多次操作机床和使用多种对刀仪器，并需要多次按功能键和进行坐标数据输入，最后还要在 MDI 方式下输入 G54 和运行 MDI，操作上较为烦琐。初学者容易忘记中间环节导致工件坐标系原点设定失败，所以初学者最好不要运用这种方法进行工件坐标系原点的设定。但是，对于批量加工的工件，即使工件依靠夹具能在工作台上准确定位，用 G92 指令设定工件坐标系原点就不太方便，这时经常使用和机床参考点位置相对固定的工件坐标系，如 G54～G59 设定的工件坐标系等。

知识应用与拓展

1. 指出常用刀具的刀位点。
2. 简述如何在工件上选择对刀点。
3. 简述工件坐标系 G92 与 G54 的异同。

4.5 宏程序基础

多数国内外的数控系统只提供了直线和圆弧插补功能，可以加工以直线或圆弧形状构成的轮廓零件，但无法直接加工复杂的曲线轮廓，如抛物线、椭圆、双曲线等二次或多次方程描述的轮廓。为弥补不足，中高档的数控系统都提供了宏指令功能。

（1）宏程序的分类

通常，将宏程序分为 A 类和 B 类。在数控系统比较老的时候，系统里面有 A 类宏，A 类宏格式为 G65 格式，现在已经基本淘汰。现在的数控系统大多支持 B 类宏程序，总体而言，B 类宏是一个主流发展趋势，所以接下来的实例讲解都以 B 类宏程序为例。

（2）宏程序的基本概念

可以这样理解，宏程序就是利用数学公式、函数等计算方式，配合数控系统中的 G 代码编制出的一种程序，主要加工一些像椭圆、曲线、各类大螺距螺纹和刀具路线相识的一些零件。随着技术发展，像椭圆、抛物线等线性零件，用软件或系统自代 G 代码可以完成加工，而大螺距异型螺纹这类零件，软件还没达到成熟，所以学会宏程序在加工中可以起到一个非常大的作用。

① 宏程序 简单地说，宏程序是一种具有计算能力和决策能力的数控程序。宏程序具有如下些特点。

a. 使用了变量或表达式（计算能力），例如：

```
G01 X[3+5]                      ;有表达式 3+5
G00 X4 F[♯1]                    ;有变量♯1
G01 Y[50 * SIN[3]]              ;有函数运算
```

b. 使用了程序流程控制（决策能力），例如：

```
IF ♯3 GE 9            ;有选择执行命令
……
ENDIF
WHILE ♯1 LT ♯4 * 5 ;有条件循环命令
……
ENDW
```

② 用宏程编程的优点

a. 宏程序引入了变量和表达式，还有函数功能，具有实时动态计算能力，可以加工非圆曲线，如抛物线、椭圆、双曲线、三角函数曲线等。

b. 宏程序可以完成图形相同、尺寸不同的系列零件加工。

c. 宏程序可以完成工艺路径相同、位置不同的系列零件加工。

d. 宏程序具有一定决策能力，能根据条件选择性地执行某些部分。

e. 使用宏程序能极大地简化编程，精简程序，适合于复杂零件加工的编程。

(3) 宏变量及宏常量

① 宏变量　先看一段简单的程序：

```
G00 X25.0
```

上面的程序在 X 轴作一个快速定位。其中数据 25.0 是固定的，引入变量后可以写成：

```
♯1＝25.0          ;♯1 是一个变量
G00 X[♯1]         ;♯1 就是一个变量
```

宏程序中，用"♯"号后面紧跟 1～4 位数字表示一个变量，如♯1，♯50，♯101，…。变量有什么用呢？变量可以用来代替程序中的数据，如尺寸、刀补号、G 指令编号等，变量的使用，给程序的设计带来了极大的灵活性。

使用变量前，变量必须带有正确的值。如

```
♯1＝25
G01 X[♯1]   ;表示 G01 X25
♯1＝-10     ;运行过程中可以随时改变♯1 的值
G01 X[♯1]   ;表示 G01 X-10
```

用变量不仅可以表示坐标，还可以表示 G、M、F、D、H、M、X、Y 等各种代码后的数字。如：

```
♯2＝3
G[♯2] X30   ;表示 G03 X30
```

例：使用了变量的宏子程序。

```
%1000
♯50＝20                 ;先给变量赋值
M98 P1001              ;然后调用子程序
♯50＝350               ;重新赋值
```

```
M98 P1001              ;再调用子程序
M30
%1001
G91 G01 X[♯50]         ;同样一段程序,♯50 的值不同,X 移动的距离就不同
M99
```

② 局部变量　编号♯0～♯49 的变量是局部变量。局部变量的作用范围是当前程序（在同一个程序号内）。如果在主程序或不同子程序里，出现了相同名称（编号）的变量，它们不会相互干扰，值也可以不同。

例：

```
%100
N10 ♯3＝30             ;主程序中♯3 为 30
M98 P101               ;进入子程序后♯3 不受影响
♯4＝♯3                 ;♯3 仍为 30,所以♯4＝30
M30
%101
♯4＝♯3                 ;这里的♯3 不是主程序中的♯3,所以♯3＝0(没定义),则:♯4＝0
♯3＝18                 ;这里使♯3 的值为 18,不会影响主程序中的♯3
M99
```

③ 全局变量　编号♯50～♯199 的变量是全局变量（注：其中♯100～♯199 也是刀补变量）。全局变量的作用范围是整个零件程序。不管是主程序还是子程序，只要名称（编号）相同就是同一个变量，带有相同的值，在某个地方修改它的值，所有其他地方都受影响。

例

```
%100
N10 ♯50＝30            ;先使♯50 为 30
M98 P101               ;进入子程序
♯4＝♯50                ;♯50 变为 18,所以♯4＝18
M30
%101
♯4＝♯50                ;♯50 的值在子程序里也有效,所以♯4＝30
♯50＝18                ;这里使♯50＝18,然后返回
M99
```

④ 刀补变量　刀补变量（♯100～♯199）里存放的数据可以作为刀具半径或长度补偿值来使用。如：

```
♯100＝8
G41 D100               ;D100 就是指加载♯100 的值 8 作为刀补半径。
```

注意：

上面的程序中，如果把 D100 写成了 D［♯100］，则相当于 D8，即调用 8 号刀补，而不是补偿量为 8。

⑤ 系统变量　♯300 以上的变量是系统变量。系统变量是具有特殊意义的变量，它们

是数控系统内部定义好了的，不可以改变它们的用途。系统变量是全局变量，使用时可以直接调用。

♯0～♯599 是可读写的，♯600 以上的变量是只读的，不能直接修改。

其中，♯300 ～♯599 是子程序局部变量缓存区。这些变量在一般情况下，不用关心它的存在，也不推荐去使用它们。要注意同一个子程序，被调用的层级不同时，对应的系统变量也是不同的。♯600～♯899 是与刀具相关的系统变量。♯1000～♯1039 是与坐标相关的系统变量。♯1040～♯1143 是与参考点相关的系统变量。♯1144～♯1194 是与系统状态相关的系统变量。

有时候需要判断系统的某个状态，以便程序作相应的处理，就要用到系统变量。

⑥ 常量　此处的常量与数学中常量的概念一致。例如 PI 表示圆周率，TRUE 条件成立（真），FALSE 条件不成立（假）。

(4) 运算符与表达式

① 算术运算符　加＋，减－，乘 * ，除/。

② 条件运算符　包括：EQ（＝）；NE（≠）；GT（＞）；GE（≥）；LT（＜）；LE（≤）。

条件运算符用在程序流程控制 IF 和 WHILE 的条件表达式中，作为判断两个表达式大小关系的连接符。

注意：宏程序条件运算符与计算机编程语言的条件运算符表达习惯不同。

③ 逻辑运算符　在 IF 或 WHILE 语句中，如果有多个条件，用逻辑运算符来连接多个条件。

AND（且）：多个条件同时成立才成立。

OR（或）：多个条件只要有一个成立即可。

NOT（非）：取反（如果不是）。

例：

♯1 LT 50 AND ♯1GT 20　表示[♯1＜50]且[♯1＞20]；

♯3 EQ 8 OR ♯4 LE 10　表示[♯3＝8]或者[♯4≤10]。

有多个逻辑运算符时，可以用方括号来表示结合顺序，如：

NOT [♯1 LT 50 AND ♯1GT 20] 表示如果不是"♯1＜50 且 ♯1＞20"。

更复杂的例子，如：

[♯1 LT　50]　AND　[♯2GT 20 OR ♯3 EQ 8]　AND　[♯4 LE 10]

④ 函数

正弦：SIN [a]。

余弦：COS [a]。

正切：TAN [a]。

注：a 为角度，单位是弧度值。

反正切：ATAN [a]　（返回：度，范围：－90～＋90）。

反正切：ATAN2 [a]/[b]　（返回：度，范围：－180～＋180）（注：华中数控暂不支持）。

绝对值：ABS [a]，表示 |a|。

取整：INT [a]，采用去尾取整，非"四舍五入"。

取符号：SIGN $[a]$，a 为正数返回 1，0 返回 0，负数返回 −1。

开平方：SQRT $[a]$，表示 $\sqrt{a}$。

指数：EXP $[a]$，表示 e^a。

⑤ 表达式与括号　包含运算符或函数的算式就是表达式。表达式里用方括号来表示运算顺序。宏程序中不用圆括号，因圆括号是注释符。

例如：175/SQRT[2] * COS[55 * PI/180]

　　　♯3 * 6 GT 14

⑥ 运算符的优先级　方括号→函数→乘除→加减→条件→逻辑。

技巧：常用方括号来控制运算顺序，更容易阅读和理解。

⑦ 赋值号 ＝　把常数或表达式的值送给一个宏变量称为赋值，格式如下：

宏变量 ＝ 常数或表达式

例如：♯2 = 175/SQRT[2] * COS[55 * PI/180]

　　　♯3 = 124.0

　　　♯50 = ♯3+12

特别注意，赋值号后面的表达式里可以包含变量自身，如：

♯1=♯1+4；

此式表示把 ♯1 的值与 4 相加，结果赋给 ♯1。这不是数学中的方程或等式，如果 ♯1 的值是 2，执行 ♯1 ＝ ♯1+4 后，♯1 的值变为 6。

（5）程序算法的基本概念

程序算法是对特定问题求解过程的描述，是指令的有限序列，每条指令完成一个或多个操作。通俗地讲，就是为解决某一特定问题而采取的具体有限的操作步骤。为了表示一个算法，可以用不同的方法。常用的有自然语言、流程图、伪代码、PAD 图等。这其中以特定的图形符号加上说明表示算法的图，称为算法流程图。

流程图是用一些图框来表示各种类型的操作，在框内写出各个步骤，然后用带箭头的线把它们连接起来，以表示执行的先后顺序。用图形表示算法，直观形象，易于理解。

（6）程序流程控制

程序流程控制形式有许多种，都是通过判断某个"条件"是否成立来决定程序走向的。所谓"条件"，通常是对变量或变量表达式的值进行大小判断的式子，称为"条件表达式"。华中数控系统有两种流程控制命令：IF—ENDIF，WHILE—ENDW。

① 条件分支　IF

需要选择性地执行程序，就要用 IF 命令。

格式 1：（条件成立则执行）

　　IF　条件表达式

　　　　条件成立执行的语句组

　　ENDIF

功能：

条件成立执行 IF 与 ENDIF 之间的程序，不成立就跳过。其中 IF、ENDIF 称为关键词，不区分大小写。IF 为开始标识，ENDIF 为结束标识。IF 语句的执行流程如图 4-10（a）所示。

例：

IF ♯1 EQ 10 ；如果♯1＝10

M99 ；成立则执行此句（子程序返回）

ENDIF ；条件不成立,跳到此句后面

例：

IF ♯1 LT 10 AND ♯1 GT 0;如果♯1＜10 且 ♯1＞0

G01 X20 ；成立则执行

Y15

ENDIF ；条件不成立，跳到此句后面

格式 2：（二选一，选择执行）

  形式：

  IF 条件表达式

   条件成立执行的语句组

  ELSE

   条件不成立执行的语句组

  ENDIF

例：

IF ♯51 LT 20

 G91G01 X10 F250

ELSE

 G91G01 X35 F200

ENDIF

功能：

条件成立执行 IF 与 ELSE 之间的程序，不成立就执行 ELSE 与 ENDIF 之间的程序。IF 语句的执行流程如图 4-10（b）所示。

② 条件循环 WHILE

格式：

WHILE 条件表达式

 条件成立循环执行的语句

ENDW

功能：

条件成立执行 WHILE 与 ENDW 之间的程序，然后返回到 WHILE 再次判断条件，直到条件不成立才跳到 ENDW 后面。WHILE 语句的执行流程如图 4-10（c）所示。

例：

♯2＝30

WHILE ♯2 GT 0 ；如果♯2＞0

 G91 G01 X10 ；成立就执行

 ♯2＝♯2-3 ；修改变量

ENDW ；返回

G90 G00 z50 ；不成立跳到这里执行

WHILE 中必须有"修改条件变量"的语句，使得其循环若干次后，条件变为"不成立"而退出循环,否则就成为死循环。

绘制图 4-10 流程控制图加以区别。

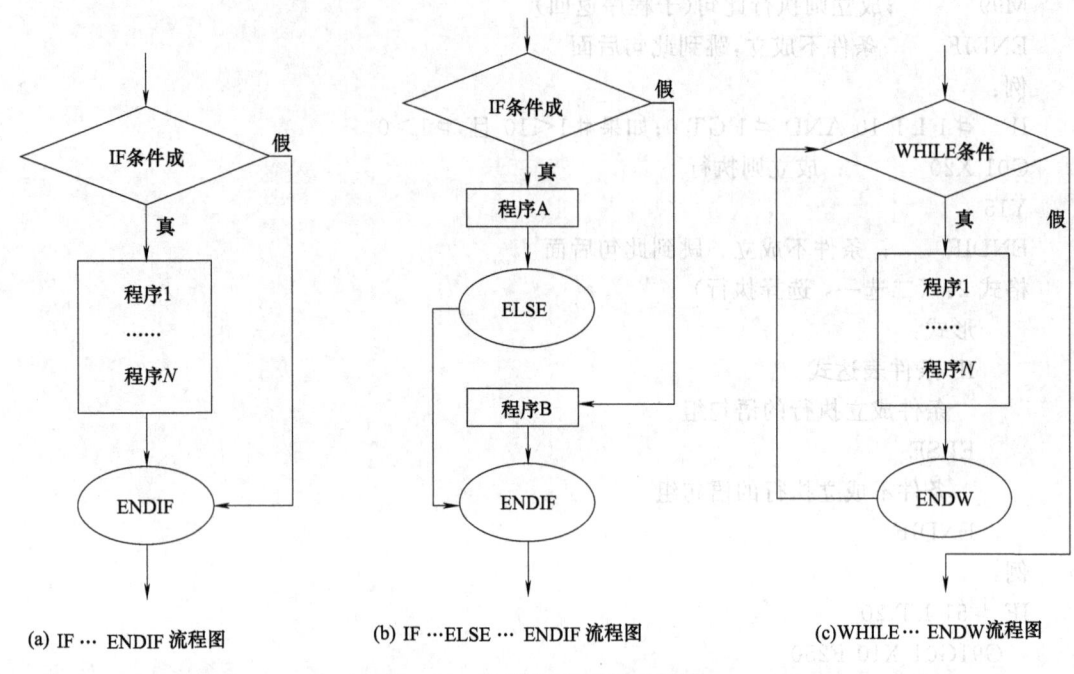

(a) IF … ENDIF 流程图　　(b) IF …ELSE … ENDIF 流程图　　(c)WHILE … ENDW流程图

图 4-10　常用流程控制循环语句

(7) 子程序及参数传递

① 普通子程序　普通子程序指没有宏的子程序,程序中各种加工的数据是固定的,子程序编好后,子程序的工作流程就固定了,程序内部的数据不能在调用时"动态"地改变,只能通过"镜像""旋转""缩放""平移"来有限地改变子程序的用途。

例:

%4001

G01 X80 F100

M99

子程序中数据固定,普通子程序的效能有限。

② 宏子程序　宏子程序可以包含变量,不但可以反复调用简化代码,而且通过改变变量的值就能实现加工数据的灵活变化或改变程序的流程,实现复杂的加工过程处理。

例:

%4002

G01 Z[#1] F[#50]　　;Z 坐标是变量;进给速度也是变量,可适应粗、精加工

M99

例　对圆弧往复切削时,指令 G02、G03 交替使用。参数#51 改变程序流程,自动选择。

%4003

IF #51 GE 1

　　G02 X[#50] R[#50]　;条件满足执行 G02

ELSE

G03 X[一♯50] R[♯50]　　　;条件不满足执行 G03

ENDIF

♯51＝♯51＊[一1]　　　　　;改变条件,为下次做准备

M99

子程序中的变量,如果不是在子程序内部赋值的,则在调用时,就必须要给变量一个值。这就是参数传递问题,变量类型不同,传递值的方法也不同。

③ 全局变量传递参数　如果子程序中用的变量是全局变量,调用子程序前,先给变量赋值,再调用子程序。

例:

%400

♯51＝40　　　　　　　　;♯51 为全局变量,给它赋值

M98 P401　　　　　　　　;进入子程序后♯51 的值是 40

♯51＝25　　　　　　　　;第二次给它赋值

M98 P401　　　　　　　　;再次调用子程序,进入子程序后♯51 的值是 25

M30

%401　　　　　　　　　　;子程序

G91G01X[♯51]F150　　;♯51 的值由主程序决定

M99

④ 局部变量传参数

问题:

%400

N1　♯1＝40　　　　　;为局部变量♯1 赋值

N2　M98 P401　　　　;进入子程序后♯1 的值是 40 吗?

M30

%401

N4　G91G01X[♯1]　;子程序中用的是局部变量♯1

M99

结论:

主程序中 N1 行的♯1 与子程序中 N4 行的♯1 不是同一个变量,子程序不会接收到 40 这个值。怎么办呢?

局部变量的参数传递,是在宏调用指令后面添加参数的方法来传递的。上面的程序中,把 N1 行去掉,把 N2 行改成如下形式即可:

N2　M98 P401 B40

比较一下,可知多了个 B40,其中 B 代表♯1,紧跟的数字 40 代表♯1 的值是 40。这样就把参数 40 传给了子程序%401 中的♯1。更一般地,用 G65 来调用宏子程序(称宏调用)。

知识应用与拓展

1. 宏程序的变量有哪些?

2. 宏程序的运算有哪些?

3. 绘制宏程序流程图。

知识巩固与技能演练

1. 默写常用数控系统的程序规范格式。

2. 简述工件坐标系 (对刀) 的概念与原理。

3. 试写宏程序,完成图 4-10 所示的流程控制。

模块5
数控车床的操作

学习要求：

熟练进行工件的安装；正确选择刀具和安装刀具；熟练掌握偏置对刀法和技巧；熟悉刀偏表、刀补表的功能和用法。

5.1 数控车削工件装夹

工件在车床上安装，首先要保证安全可靠，无安全隐患；其次要求夹具应具有较高的定位精度和刚性，结构简单、通用性强，便于在机床上安装夹具及迅速装卸工件等。车床的夹具主要是指安装在车床主轴上的夹具，这类夹具和机床主轴相连接并带动工件一起随主轴旋转。车削常备的夹具有卡盘、花盘、顶尖、中心架、跟刀架等。

5.1.1 数控车床工件装夹

在数控车床上，主要加工回转体类零件，夹具通常采用三爪自定心卡盘或四爪单动卡盘及顶尖等。在大批量生产过程中，为提高装夹效率，常常使用便于自动控制的液压、电动或气动夹具。对于一些特殊类型的零件，可以用花盘、角铁、心轴及其他辅助工具作为数控车床的夹具。

车床类夹具主要分成两大类：各种卡盘，适用于盘类零件和短轴类零件加工的夹具；顶尖、中心支架等安装工件的夹具，适用于长度尺寸较大或加工工序较多的轴类零件。这类夹具在大多数情况下使用工件或毛坯的外圆定位，以下几种夹具就是靠圆周来定位的夹具。

（1）三爪卡盘

三爪卡盘是最常用的车床通用夹具，结构如图5-1（a）所示。三爪卡盘最大的优点是可以自动定心，夹持范围大，装夹速度快，但定心精度存在误差，不适于同轴度要求高的工件的二次装夹。一般用于金工车床的卡盘，有6个爪，正爪是3个L型的爪，用以夹持直径较小的实心工件；反爪是3个倒置的L型，可夹持直径较大的工件。如图5-1所示。

三爪卡盘有内卡与外卡两种方式。外卡是以工件外圆面作为定位，以三爪中心作为回转中心，如图5-2（a）、图5-2（b）所示。内卡则以工件内圆面作为定位，如图5-2（c）所示。

为了防止车削时因工件变形和振动而影响加工质量，工件在三爪自定心卡盘中装夹时，其悬伸长度不宜过长。如：工件直径≤30mm，其悬伸长度不应大于直径的3倍；若工件直径≤30mm，其悬伸长度不应大于直径的4倍。同时也可避免工件被车刀顶弯、顶落而造成打刀事故。三爪卡盘的夹紧力较小，一般仅适用于夹持表面光滑的圆柱形或三、六、九棱柱等工件。

用三爪卡盘安装车床工件时可按下列步骤进行。

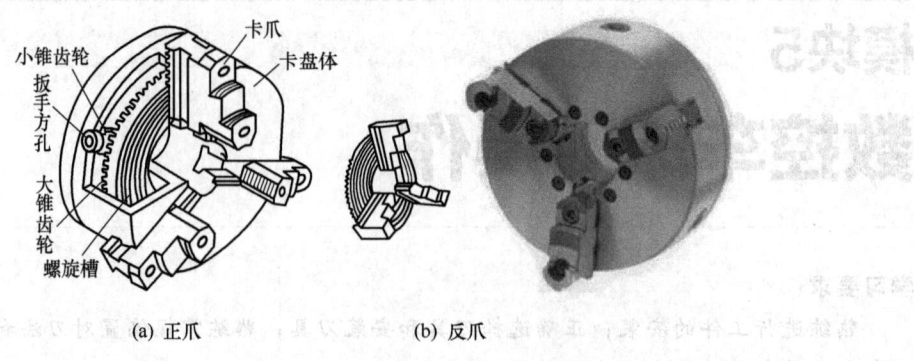

图 5-1 三爪卡盘的正反装

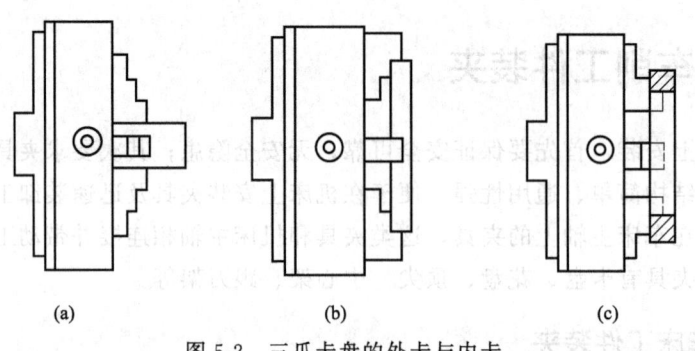

图 5-2 三爪卡盘的外卡与内卡

① 首先把车床工件在卡爪间放正，然后轻轻夹紧。

② 开动机床，使主轴低速旋转，检查车床工件有无偏摆，若有偏摆应停车用小锤轻敲校正，然后紧固车床工件。注意必须及时取下扳手，以免开车时飞出，击伤人或机床。

③ 移动车刀至车削行程的左端，用手旋转卡盘，检查刀架等是否与卡盘或工件碰撞。

三爪卡盘能自动定心，因此装夹很方便。但其定心精度受卡盘本身制造精度和使用后磨损的影响，故工件上同轴度要求较高的表面，应尽可能在一次装夹中车出。

（2）四爪卡盘

有些零件的夹持部位不适合使用三爪卡盘，如非圆柱或四、五、七、八等棱柱，就需要用四爪卡盘。四爪卡盘一般常见的有两种：一种是四爪自定心卡盘，一种是四爪单动卡盘。实际生产中，使用更多是四爪单动卡盘——每个卡爪能实现单独手动位置调整，适用于夹持偏心零件和不规则形状零件，如图 5-3 所示。

用四爪卡盘装夹不规则偏重工件时，必须加配重。加工前，要确保工件加工中心轴线与卡盘（主轴）中心线同轴。

四爪卡盘也可以像三爪卡盘一样，采用正装卡爪和反装卡爪。

四爪单动卡盘找正如图 5-4 所示。

（3）花盘

花盘的使用更为复杂一些，多用于安装形状比较特别的零件，且必须在数控车床上加工。如对开轴承座、十字孔工件、双孔连杆、环首螺钉、齿轮油泵体等，均无法在三爪和四爪卡盘上装夹。如图 5-5（a）所示。

花盘面上有几条长短不同的通槽和 T 形槽，以便用螺栓、压板等将工件压紧在它的工

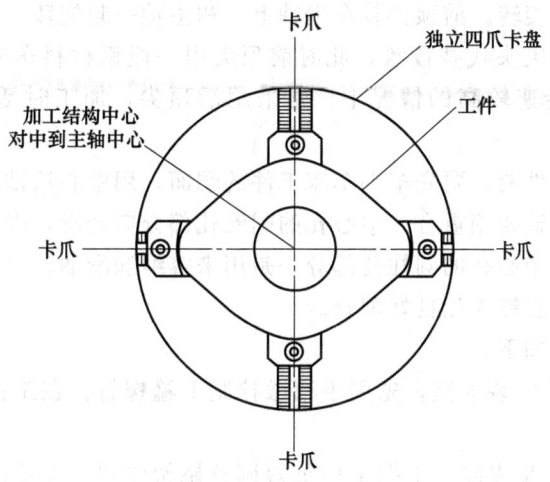

图 5-3 四爪单动卡盘

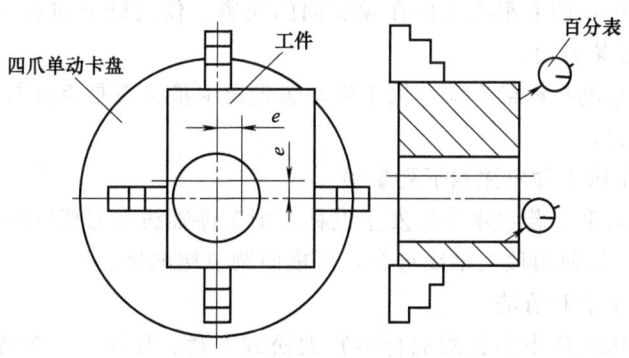

图 5-4 四爪单动卡盘找正

作面上。用花盘和弯板安装车床工件时，找正比较费时，同时要用平衡块平衡工件和弯板等，以防止旋转时产生偏心振动。如图 5-5（b）所示。

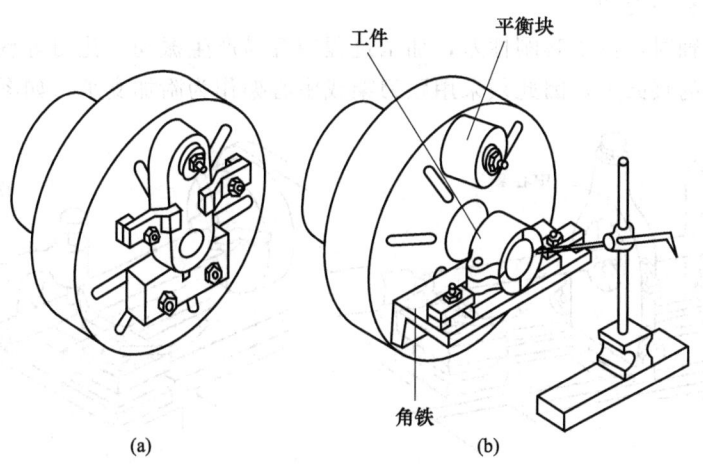

图 5-5 花盘找正

（4）顶尖（车床尾座）

较长或加工工序较多的轴类车床工件，常采用两顶尖安装。车床工件装夹在前后顶尖之间，由卡箍、拨盘带动旋转。前顶尖装在主轴上，和主轴一起旋转。后顶尖装在尾架上固定不动，有时也可用鸡心夹头代替拨盘，此时前顶尖用一段钢材料车成。由于后顶尖容易磨损，因此在车床工件转速较高的情况下，常采用活顶尖，加工时活顶尖与车床工件一起转动。

用顶尖安装车床工件前，要先车平车床工件的端面，用中心钻钻出中心孔，中心孔的轴线应与车床工件毛坯的轴线相重合。中心孔的圆锥孔部分应光滑，因为中心孔的锥面部分是和顶尖锥面相配合的。中心孔的圆柱孔部分一是用来容纳润滑油；二是使顶尖尖端不与工件接触，保证工件和顶尖在锥面处良好配合。

顶尖安装工件步骤如下：

① 在车床工件一端安装卡箍，先用手稍微拧紧卡箍螺钉。在工件的另一端中心孔里涂上润滑油。

② 将车床工件置于顶尖间，根据工件长短调整尾架位置，保证能让刀架移至车削行程的最右端，同时又要尽量使尾架套筒探出最短，然后将尾架固定。

③ 转动尾架手轮，调节车床工件在顶尖间的松紧，使之既能自由旋转，但又不会有轴向松动。最后紧固尾架套筒。

④ 将刀架移至车削行程最左端，用手转动拨盘及卡箍检查是否会与刀架等碰撞。

⑤ 拧紧卡箍螺钉。

使用顶尖装夹车床工件应注意下列事项：

① 前后顶尖应对准。若在水平面发生偏移，则工件轴线与刀架纵向移动的方向不平行，此时将车出圆锥体。为使两顶尖轴线重合，可横向调节尾架体。

② 中心孔必须平滑和清洁。

③ 两顶尖与车床工件中心孔的配合不宜太松或太紧。顶松了，工件定心不准，容易引起振动，过松时会发生工件飞出的危险；顶紧了，因锥面间摩擦增加，会将顶尖和中心孔磨损甚至烧坏。当切削用量较大时，车床工件因发热而伸长，在加工过程中还需将顶尖位置作一次调整。

（5）中心架和跟刀架

在车削细长轴时，由于其刚性差，加工过程中容易产生振动、让刀等现象，车床工件出现两头细中间粗的腰鼓形，因此须采用跟刀架或中心架作为附加支承。如图5-6所示。

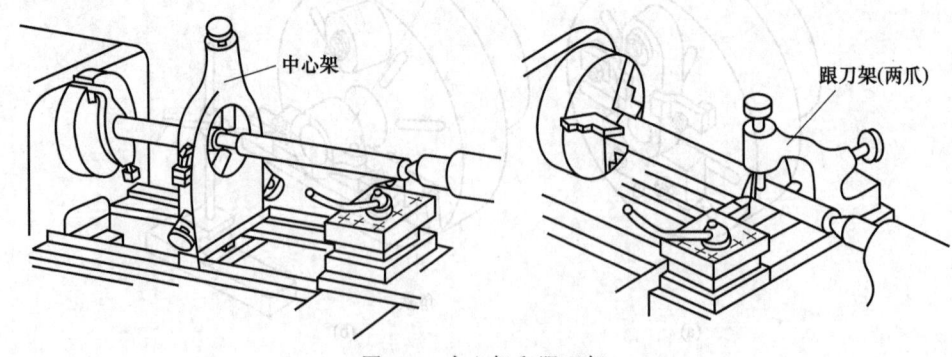

图 5-6 中心架和跟刀架

（6）心轴

有些形状复杂和同轴要求较高的套筒类零件，须用心轴安装进行加工。这时先加工孔，然后以孔定位，安装在心轴上加工外圆。根据工件的形状尺寸、精度要求及加工数量的不同应采用不同结构的心轴。

5.1.2 数控车刀的选用

（1）常见数控车削工艺

选择车刀时，要根据车削工艺选择。常见数控车削工艺包括平端面、车外圆、车螺纹、切断、切退刀槽等，如图 5-7 所示。

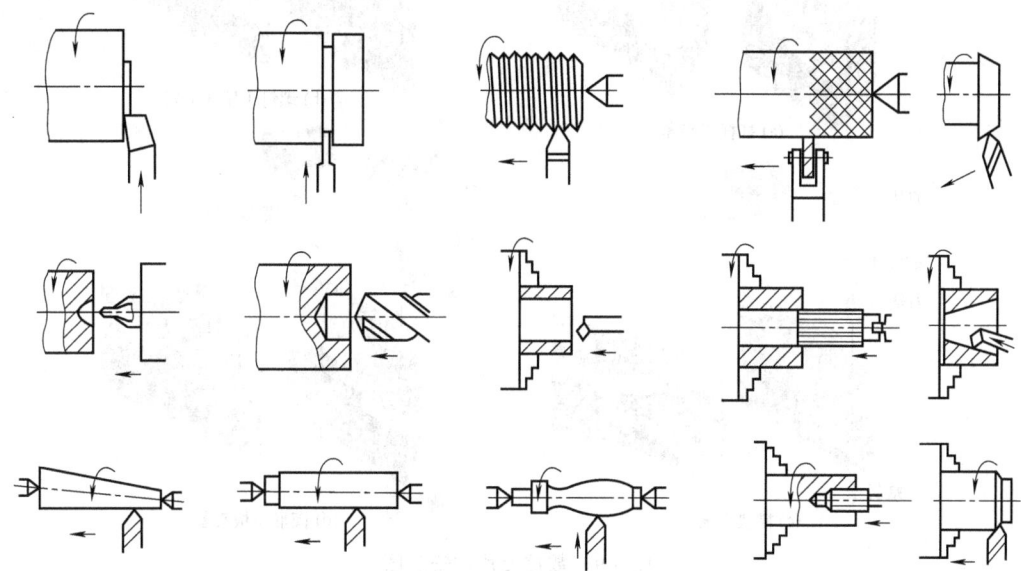

图 5-7 数控车削工艺范围

此外，使用何种车刀，由零件的工艺结构决定。对于外圆或台阶车削工艺而言，可以选择的有 90°偏刀、75°偏刀、60°偏刀。45°弯头刀可以用来车端面。切槽和切断需要用切断刀或切槽刀。滚花刀用来滚网纹和直纹。车内孔需要用镗孔刀。车内、外螺纹需要内、外螺纹刀。圆头刀可以车特形面或成形面。切削中，尽量使车刀的切削刃与进刀方向垂直，如图 5-8 所示。

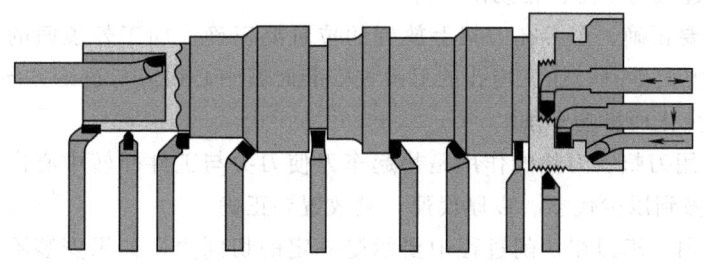

图 5-8 常用车刀的使用

（2）车刀的安装

设计或者刃磨的很好的车刀，如果安装不正确就会改变车刀应有的角度，直接影响工件的加工质量，严重的甚至无法进行正常切削。所以，使用车刀的同时必须正确安装车刀。

① 刀片的装夹 常见数控刀片的安装方式有图 5-9 所示的四种。

② 刀体的安装 数控刀具在装夹过程中，要特别注意以下几点。

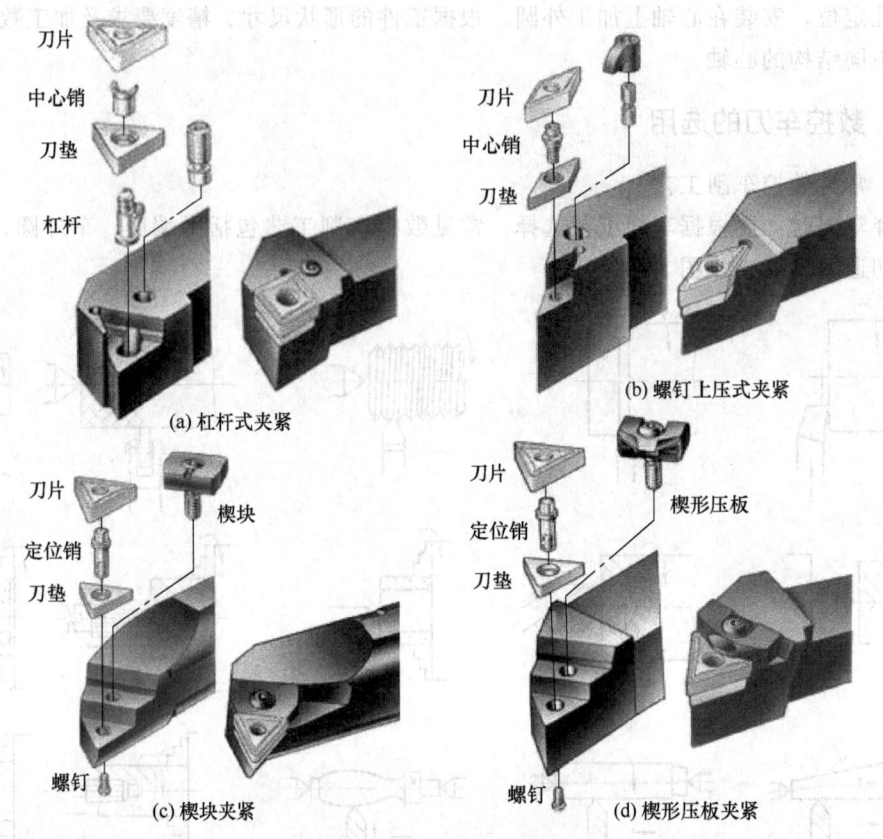

图 5-9　数控刀片的安装图

a. 刀头伸出不宜太长。车刀在切削过程中要承受很大的切削力，伸出太长刀杆刚性不足，极易产生振动而影响切削。所以，车刀刀头伸出的长度应以满足使用为原则，一般不超过刀杆高度的两倍。

b. 车刀刀尖高度要对中。车刀刀尖要与工件回转中心高度一致。高度不一致会使切削平面和基面变化而改变车刀应有的静态几何角度，影响正常的车削，甚至会使刀尖或刀刃崩裂。装得过高或过低均不能正常切削工件。

c. 车刀放置要正确。车刀在刀架上放置的位置要正确。加工外表面的刀具在安装时其中心线应与进给方向垂直，加工内孔的刀具在安装时其中心线应与进给方向平行，否则会使主、副偏角发生变化而影响车削。

d. 要正确选用刀垫。刀垫的作用是垫起车刀使刀尖与工件回转中心高度一致。刀垫要平整，选用时要做到以少代多、以厚代薄，其放置要正确。

e. 安装要牢固。车刀在切削过程中要承受一定的切削力，如果安装不牢固，就会松动移位发生意外。所以使用压紧螺钉紧固车刀时不得少于两个且要可靠。

知识应用与拓展

1. 现场完成各类车刀的拆装与装夹操作。

2. 如何选用数控车刀。

3. 如何选用数控车床夹具。

5.2　数控车刀的补偿与参数设置

刀具补偿功能是数控机床的主要功能之一，它分为两类：刀具的位置补偿和刀尖圆弧半径补偿，具体到机床，数控车床和数控铣床（包含数控加工中心）又有些区别。

数控车床操作中，刀具功能指令（T 指令）指令数控系统进行选刀或换刀。用地址 T 和其后的数字来指定刀具号和补偿号。刀具参数必须在程序前面指出，主要有刀具号和刀具补偿号有两种形式：T1+1 或 T2+2。如图 5-10 所示。

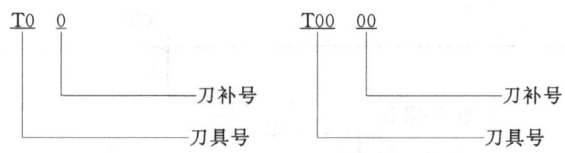

图 5-10　刀具参数的组成

刀具补偿号从 01（或 1）组开始，00（或 0）组表示取消刀补。在数控车床上通常以同一编号指令刀位号和刀具补偿号，以减少编程时的错误。

例如 T0101 表示采用 1 号刀具和 1 号刀补。

数控车床的刀具补偿功能包括刀具位置补偿和刀尖圆弧半径补偿两个方面。

5.2.1　刀具位置补偿

刀具的位置补偿又称为刀具偏置补偿或刀具偏移补偿。在下面三种情况下，均需进行刀具位置的补偿。

① 在实际加工中，通常是用不同尺寸的若干把刀具加工同一轮廓尺寸的零件，而编程时是以其中一把刀为基准设定工件坐标系的，因此必须将所有刀具的刀尖都移到此基准点。利用刀具位置补偿功能，即可完成。

② 对同一把刀来说，当刀具重磨后再把它准确地安装到程序所设定的位置是非常困难的，总是存在着位置误差。这种位置误差在实际加工时便会造成加工误差。因此在加工以前，必须用刀具位置补偿功能来修正安装位置误差。

③ 每把刀具在其加工过程中，都会有不同程度的磨损，而磨损后刀具的刀尖位置与编程位置存在差值，这势必造成加工误差。这一问题也可以用刀具位置补偿的方法来解决。

刀具位置补偿通常是用手动对刀和测量工件加工尺寸的方法，测出每把刀具的位置补偿量并输入到相应的存储器中。当程序执行了刀具位置补偿功能之后，刀尖的实际位置就代替了原来的位置。

值得说明的是，刀具位置补偿一般是在换刀指令后第一个含有移动指令的程序段中进行。该刀加工工序完成之后须取消刀具位置补偿，刀具位置补偿是在返回换刀点的程序段中执行。

5.2.2　刀尖半径补偿

编制数控车床加工程序时，将车刀刀尖看作一个点，即理想的刀尖点。但实际中，机夹车刀刀尖都有微小的圆弧，一般圆弧半径 R 在 0.4～1.6mm 之间。这种假想的刀尖与刀尖实际半径造成理论与实际的加工误差。如图 5-11 所示。

A

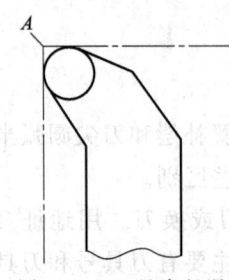

图 5-11　刀具半径误差

一般车刀均有刀尖半径，用于车外圆或端面时，刀尖圆弧大小并不起作用。但用于车倒角、锥面或圆弧时，则会影响精度，因此在编制数控车削程序时，必须给予考虑。如图 5-12 所示。

采用刀尖圆弧半径补偿功能后，按刀尖圆弧圆心轨迹（即工件轮廓形状）编程，加工时数控系统自动偏移一个半径出来，从而消除了刀尖圆弧对工件形状的影响。具体方法：用假想刀尖对刀，然后建立刀具补偿参数和补偿方位，系统自动会按数学方法推算出刀尖圆弧中心轨迹。具体操作方法如下：

欠切
欠切
假想刀尖路径
欠切
实际切削结果
过切
欠切
假想刀尖位置
Z
刀尖
X

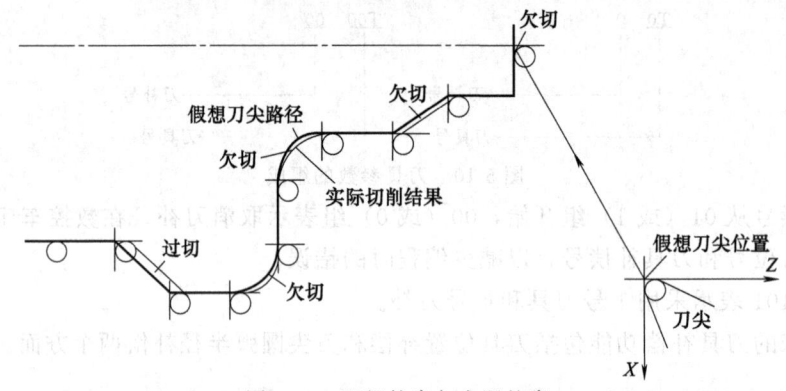

图 5-12　理想轮廓与实际轮廓

（1）刀尖半径补偿参数的输入

刀具参数包括 X 轴偏置量、Z 轴偏置量、刀尖 R、假想刀尖方位 T。这些都与工件的形状有关，必须用参数输入数控系统数据库。FANUC 系统如图 5-13 所示，华中系统如图 5-14所示，其他系统也类似。

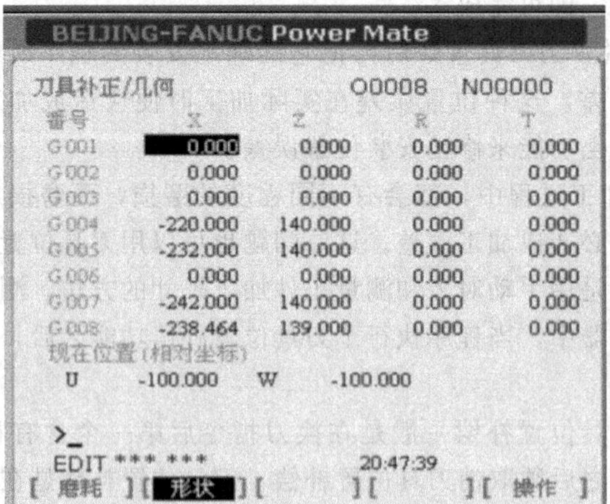

BEIJING-FANUC Power Mate
刀具补正/几何　O0008　N00000
番号　X　Z　R　T
G 001　0.000　0.000　0.000　0.000
G 002　0.000　0.000　0.000　0.000
G 003　0.000　0.000　0.000　0.000
G 004　-220.000　140.000　0.000　0.000
G 005　-232.000　140.000　0.000　0.000
G 006　0.000　0.000　0.000　0.000
G 007　-242.000　140.000　0.000　0.000
G 008　-238.464　139.000　0.000　0.000
现在位置（相对坐标）
U　-100.000　W　-100.000
>_
EDIT *** ***　20:47:39
[磨耗][形状][ ][ ][操作]

图 5-13　FANUC 刀具参数表

（2）刀尖圆弧半径补偿指令的调用

数控加工程序中必须出现刀具半径补偿指令（G40，G41，G42），才能调用刀具参数表中数据。用法如下。

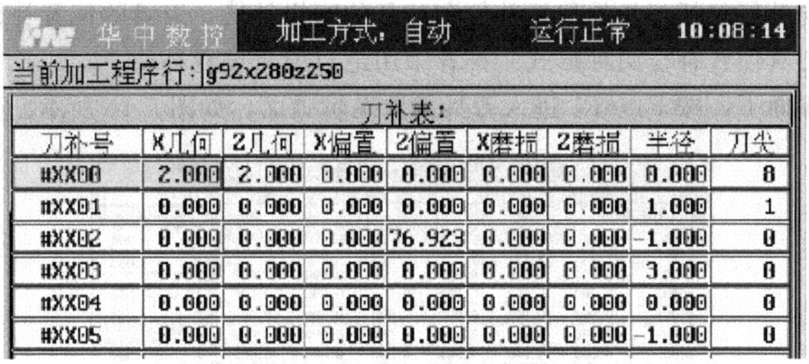

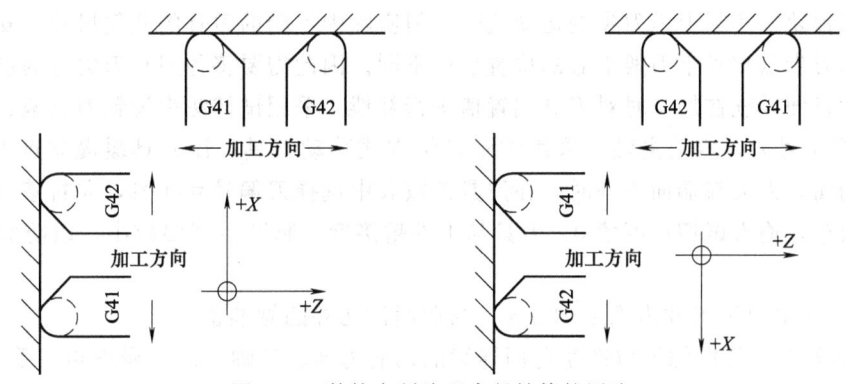

图 5-14　华中数控刀具参数表

G41：刀尖半径左补偿，沿与加工平面相垂直的第三坐标轴的负方向看去，沿刀具运动方向看（假设工件不动），刀尖圆弧中心位于工件左侧时的刀具半径补偿。

G42：刀尖半径右补偿，沿与加工平面相垂直的第三坐标轴的负方向看去，沿刀具运动方向看（假设工件不动），刀尖圆弧中心位于工件右侧时的刀具半径补偿。

G40：取消刀尖半径补偿。

如图 5-15 所示。

图 5-15　数控车削编程半径补偿的用法

（3）刀尖圆弧半径补偿注意事项

① G41、G42、G40 指令必须在 G00 或 G01 指令程序段中建立或取消，不得在 G02 或 G03 圆弧插补指令程序段中建立或取消。

② G40 必须和 G41 或 G42 成对使用。

③ 在使用 G41 或 G42 指令模式中，不允许有两个连续的非移动指令（如 M 指令、延时指令等），否则刀具在前面程序段终点的位置停止，且产生过切或欠切现象。

知识应用与拓展

怎样确定刀具半径补偿？

5.3　华中数控系统偏置对刀法

以华中数控为例讲解刀具偏置参数设置，与法那科系统有所区别。

　　刀具的几何补偿包括刀具的偏置补偿和刀具的磨损补偿，刀具的偏置补偿有绝对刀具偏置补偿和相对刀具偏置补偿两种形式。推荐采用绝对刀具偏置补偿。

　　在主操作界面下，按 F4→F1 进入刀具偏置编辑画面，如图 5-16 所示。

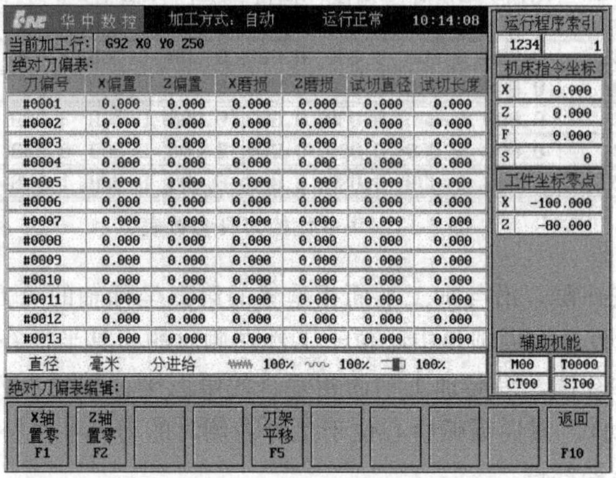

华中数控	加工方式:	自动	运行正常	10:14:08	运行程序索引	

当前加工行: G92 X0 Y0 Z50

机床指令坐标
X　0.000
Z　0.000
F　0.000
S　0

绝对刀偏表:

刀偏号	X偏置	Z偏置	X磨损	Z磨损	试切直径	试切长度
#0001	0.000	0.000	0.000	0.000	0.000	0.000
#0002	0.000	0.000	0.000	0.000	0.000	0.000
#0003	0.000	0.000	0.000	0.000	0.000	0.000
#0004	0.000	0.000	0.000	0.000	0.000	0.000
#0005	0.000	0.000	0.000	0.000	0.000	0.000
#0006	0.000	0.000	0.000	0.000	0.000	0.000
#0007	0.000	0.000	0.000	0.000	0.000	0.000
#0008	0.000	0.000	0.000	0.000	0.000	0.000
#0009	0.000	0.000	0.000	0.000	0.000	0.000
#0010	0.000	0.000	0.000	0.000	0.000	0.000
#0011	0.000	0.000	0.000	0.000	0.000	0.000
#0012	0.000	0.000	0.000	0.000	0.000	0.000
#0013	0.000	0.000	0.000	0.000	0.000	0.000

工件坐标零点
X　-100.000
Z　-80.000

辅助机能
M00　T0000
CT00　ST00

直径　毫米　分进给　100%　100%　100%

绝对刀偏表编辑:

X轴置零 F1	Z轴置零 F2			刀架平移 F5		返回 F10

图 5-16　刀具偏置参数编辑表

　　车床编程轨迹实际上是刀尖的运动轨迹，但实际中不同的刀具的几何尺寸、安装位置各不相同，其刀尖点相对于刀架中心的位置也就不同。因此需要将各刀具刀尖点的位置值进行测量设定，以便系统在加工时对刀具偏置值进行补偿。采用试切法来设置刀具偏置补偿值。

　　① 选择 1 号刀，启动主轴。采用增量进给方式移动刀具，让刀具缓慢靠近工件。用 1 号刀试切端面，刀尖与端面平齐时，在刀具参数表中选择刀偏号 ♯0001，向右移动光标至试切长度，回车，输入试切长度值 0。刀具与工件越接近，脉冲倍率要越小，以防对刀过程中撞刀。

　　② X 方向退刀至工件边缘 1～2mm，为后面试切外圆做准备。

　　③ 试切外圆，切削深度以产生薄而连续的切屑为佳。Z 轴方向缓慢进给，手动车外圆。Z 轴方向试切长度以方便测量为宜。

　　④ 保持 X 轴不动，Z 轴方向退刀。停止主轴旋转。用卡尺测量车削零件部位的直径。在 ♯0001 试切直径一栏中输入测量所得的直径值。

　　至此，分别完成 1 号刀的 Z 向和 X 向对刀。其他车刀可采用同样方法进行对刀。

知识应用与拓展

　　阐述系统对偏置对刀法的计算原理。

知识巩固与技能演练

　　1. 在数控车床上熟练完成三爪卡盘、四爪卡盘装夹，包括找正、定位、拆卸工件。

　　2. 熟练完成车间各类机夹车刀及刀片的安装和拆解。

　　3. 理解偏置对刀法，试切尼龙棒等较软材料，完成偏置对刀操作。

模块6
华中数控车削手工编程与加工

学习要求：

　　熟练应用直线、圆弧插补、导角、螺纹、固定循环等的基本编程指令；熟悉并独立完成简单宏程序的编写；认识并了解自动编程与传输的主要过程。

6.1　快速定位、直线、圆弧插补指令

6.1.1　快速定位指令 G00

　　G00 指令使刀具相对于工件以各轴预先（机床厂家设置）设定的速度，从当前位置快速定位到目标点，不可用于切削加工，主要用于刀具空行程时的移动。

　　格式：G00 X(U)__ Z(W)__

　　说明：

　　① X、Z：绝对编程时，快速定位终点在工件坐标系中的坐标。

　　② U、W：增量编程时，快速定位终点相对于起点的位移量。

　　③ G00 指令中的快移速度由机床参数（厂家预先设置）设定，不能用程序指令 F 规定，可由机床操作面板上的快速修调按钮修改它的百分比，来调整 G00 实际速度。

　　④ 使用时注意刀具是否和工件发生干涉。"快移进给速度"对各轴分别设定，不能用 F 规定。

　　⑤ G00 为模态功能，可由 G01、G02、G03 或 G32 功能注销。

　　※注意：在执行 G00 指令时，由于各轴以各自速度移动，刀具的实际运动路线有时不是直线，而是折线，不能保证各轴同时到达各轴终值，因而操作者必须格外小心，以免刀具与工件发生碰撞。常见的做法是，将 X 轴移动到安全位置，再放心地执行 G00 指令。

　　例：按照图 6-1 所示，写一段数控程序，使刀具从当前位置快速定位于点（50，2）。

　　解：

　　绝对值编程为：G00 X50 Z2

　　增量值编程为：G00 U−70 W−78

6.1.2　直线插补 G01

　　G01 指令是直线运动，规定刀具在两坐标以插补联动方式按指定的 F 进给速度做任意的直线运动。

　　格式：G01 X(U)__ Z(W)__ F__；

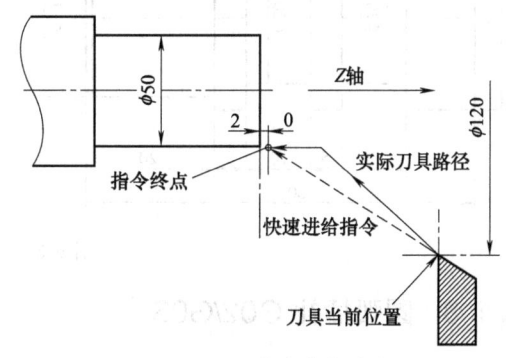

图 6-1　G00 指令执行路径

说明：

① X、Z：绝对编程时终点在工件坐标系中的坐标。

② U、W：增量编程时终点相对于起点的位移量。

③ F：合成进给速度。

注意：G01 是模态代码，可由 G00、G02、G03 或 G32 功能注销。

例：对图 6-2 编写程序段，使刀具按指定轨迹进给。

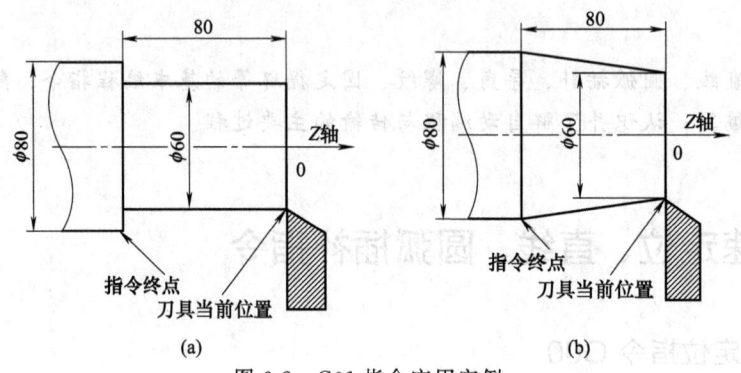

图 6-2　G01 指令应用实例

解：

绝对值编程：

对图 6-2（a）有：G01 X60 F100；

　　　　　　　　　Z－80；

对图 6-2（b）有：G01 X60 Z－80 F100；

增量值编程：

对图 6-2（a）有：G01 U0 F100；

　　　　　　　　　W－80；

对图 6-2（b）有：G01 U0 W－80 F100；

➢ 小节训练

完成图 6-3 所示零件轮廓的加工编程。

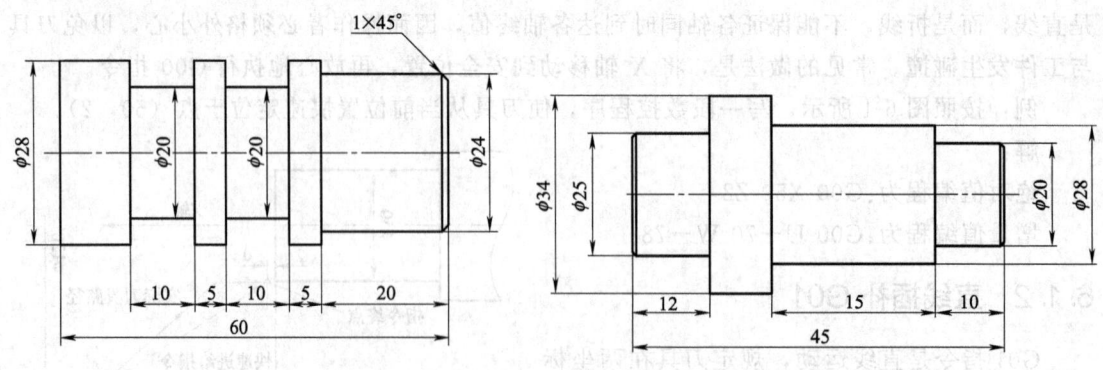

图 6-3　G01 指令练习

6.1.3　圆弧插补 G02/G03

圆弧切削指令 G02/G03 是控制机床做圆弧插补运算，实现刀具圆弧进给路径的指令。

格式：G02/G03　X(U)＿ Z(W)＿ R ＿ F ＿ ；

　　或 G02/G03　X(U)＿ Z(W)＿ I ＿ K ＿ F ＿ ；

说明：

① G02 是顺时针圆弧插补指令，G03 是逆时针圆弧插补指令。

② R 是圆弧半径。

③ F 是合成进给速度。

④ I、K 是圆弧的圆心相对位置值，相对于刀具当前位置为原点，分别在 X、Z 轴坐标值，其值等于圆弧的终点坐标减去圆弧起点坐标。

注意：

顺时针、逆时针的判断，应以垂直于编程平面的第三轴正向指向观察者为准。生产中，通常以刀架前置（刀架在内侧）或刀架后置（刀架在外侧）作为判断依据。这种判别方式与定义一致，没有分歧。操作人员站在数控车床前面，刀架位于主轴和操作人员之间的属于前置刀架，如果主轴位于刀架和操作人员之间的属于后置刀架。前置刀架主轴正转时刀尖朝上，后置刀架主轴正转时刀尖则朝下。如图 6-4 所示。

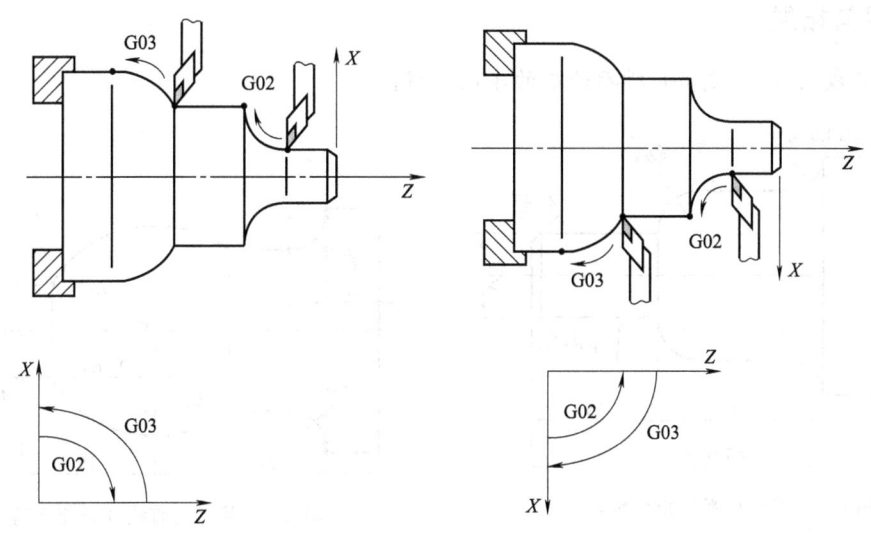

图 6-4　G02/G03 方向的判断

例：编写图 6-5 所示的精加工轮廓的程序。

解：

%0203

N10 T0101　 ;选刀,并调用该刀参数

N20 M03 S400 ;主轴以 400r/min 旋转

N30 G00 X0　 ;到达工件中心

N40 G01 Z0 F60 ;工进接近工件毛坯

N50 G03 U228.8　 W－28.8　 R18 ;加工 $R18$ 圆弧段

N60 G02 X32.2　 Z－37.2　 R6　 ;加工 $R6$ 圆弧段

N70 G01 Z－40 ;加工 ϕ31.2 外圆

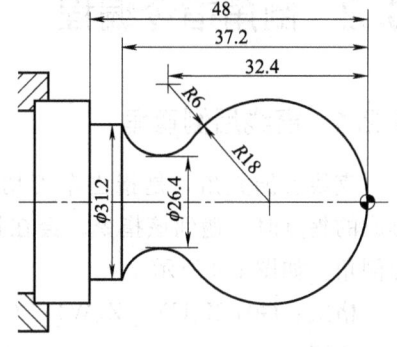

图 6-5　圆弧指令练习

N80 X40 Z5　　　;回对刀点

N90 M05　　　　;

N100 M02 ;主轴停、主程序结束并复位

➤ 小节训练

完成图 6-6 所示零件轮廓的车削编程。

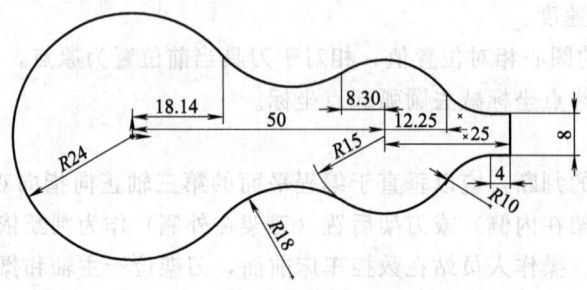

图 6-6　圆弧指令练习

知识应用与拓展

独立完成图 6-7、图 6-8 所示轮廓的车削编程。

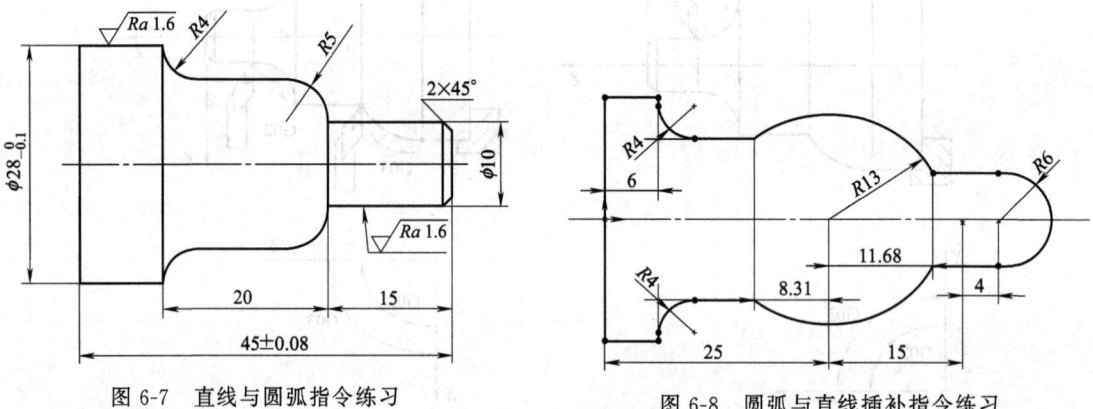

图 6-7　直线与圆弧指令练习

图 6-8　圆弧与直线插补指令练习

6.2　倒角指令编程

6.2.1　直线后倒直角

直线后倒直角，是指当车刀切削直线与直线交叉形成的拐点时，遇到该指令，会在拐角处切掉一个 45°的倒角。如图 6-9 所示。

格式：G01 X(U)__ Z(W)__ C__;

说明：

① 直线后倒直角指令，使刀具从 A 点到 B 点。

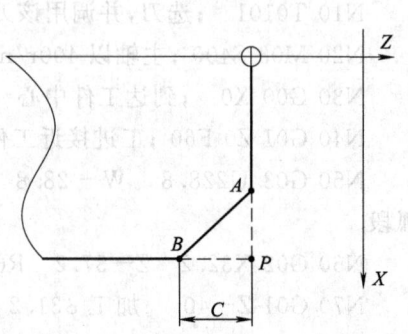

图 6-9　直线后倒直角指令刀具轨迹

② X、Z：绝对编程时，未倒角前两相邻轨迹程序段的交点 P 的坐标值。

③ U、W：增量编程时 P 点坐标值。

④ C：P 点分别到 A 点、B 点的距离。

例：对图 6-9 所示部分路径进行编程。端面外圆直径 30，倒角直边长为 2，即 $AP=2$。要求刀具从中心出发，倒角后停至 B 点。

解：

G00 X30 Z3

G00 X0

G01 Z0

G01 X30 Z0 C2

➤ 小节训练

完成图 6-10 的直线后倒直角指令编程练习。

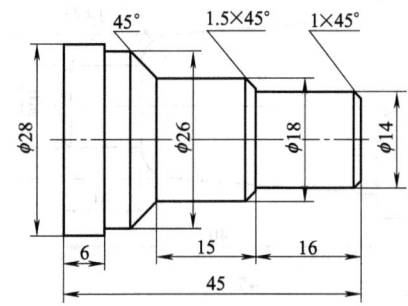

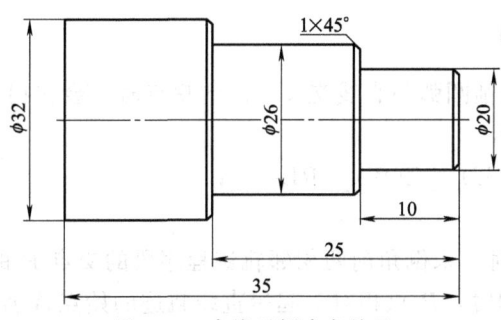

图 6-10　直线后倒直角练习

6.2.2　直线后倒圆角

直线后倒圆角，是指当车刀切削直线与直线交叉形成的拐点时，遇到该指令，会在拐角处切掉一个 90°的圆弧。如图 6-11 所示。

格式：G01 X(U)__ Z(W)__ R __；

说明：

① 该指令使刀具以圆弧切削的方式从 A 点到 B 点。

② X、Z：绝对编程时，未倒角前两相邻轨迹程序段的交点 P 的坐标值。

③ U、W：增量编程时，P 点相对于起始直线轨迹的始点 A 点的移动距离。

④ R：倒角圆弧的半径值。

例：对图 6-11 所示部分路径进行编程。端面外圆直径 30，导圆角 R = 3。要求刀具从中心出发，倒角后停至 B 点。

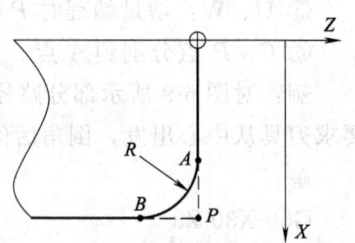

图 6-11 直线后倒圆角指令刀具轨迹

解：

G00 X30 Z3

G00 X0

G01 Z0

G01 X30 Z0 R3

➤ 小节训练

完成图 6-12 的直线后倒圆角指令编程练习。

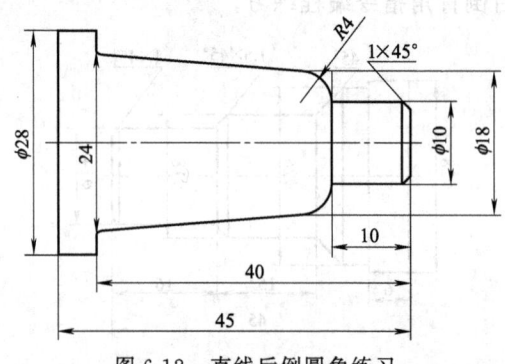

图 6-12 直线后倒圆角练习

6.2.3 圆弧后倒直角

本条指令控制车刀切削圆弧与直线交叉形成的拐点时，会在拐角处车削出一小段的直线过渡连接。如图 6-13 所示。

格式：G02/G03 X(U)__ Z(W)__ RL=__；

说明：

① X、Z：绝对编程时，未倒角前两相邻轨迹程序段的交点 P 的坐标值。

② U、W：增量编程时，P 点相对于起始直线轨迹的始点 A 点的移动距离。

③ RL：两相交直线的交点 P 相对于倒角的距离（长度等于 BP）。"＝" 必须有。

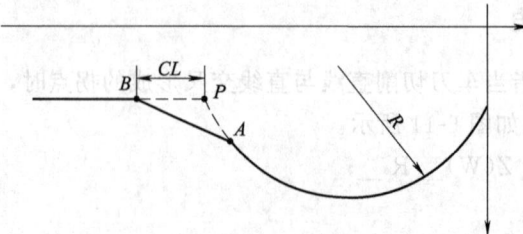

图 6-13 圆弧后倒直角指令刀具轨迹

例：对图 6-13 所示部分路径进行编程。端面圆弧起点（20，0），圆弧终点 P（20，

—45），圆弧半径 R30。导直角 RL＝3。要求刀具从起点出发，倒角后停至 B 点。

解：

G00 X20 Z3

G01 Z0

G03 X20 Z—45 RL＝3 F20

➢ 小节训练

完成图 6-14 的轮廓精车加工编程。

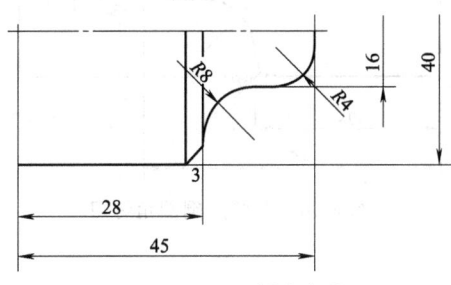

图 6-14   圆弧后倒直角练习

6.2.4   圆弧后倒圆角

车刀切削圆弧与直线（圆弧）交叉形成的拐点时，会在拐角处车削出一小段的直线过渡连接。如图 6-15 所示。

格式：G02/G03 X(U)＿ Z(W)＿ RC＝＿；

说明：

① 指令控制刀具从 A 点到 B 点。

② X、Z：绝对编程时，未倒角前两相邻轨迹程序段的交点 P 的坐标值。

③ U、W：增量编程时，P 点相对于起始直线轨迹的始点 A 的移动距离。

④ RC：倒角圆弧的半径值，不能缺失"＝"。

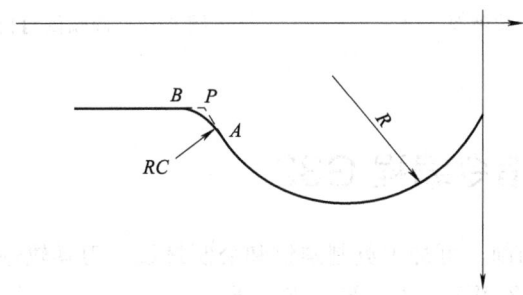

图 6-15   圆弧后倒圆角指令刀具轨迹

例：对图 6-15 所示部分路径进行编程。端面圆弧起点（20，0），圆弧终点 P （20，—45），圆弧半径 R30。导直角 RC＝3。要求刀具从起点出发，倒圆角后停至 B 点。

解：

G00 X20 Z3

G01 Z0

G03 X20 Z—45 RC＝3 F20

注意：在螺纹切削程序段中，不得出现倒角指令；走刀路线须有拐角；路径中只有直线或圆弧，倒角指令无效；PA 长度必须大于 PB 长度。否则系统会报警，RL＝、RC＝必须是大写。

➤ 小节训练

完成图 6-16 所示零件轮廓的精加工编程。

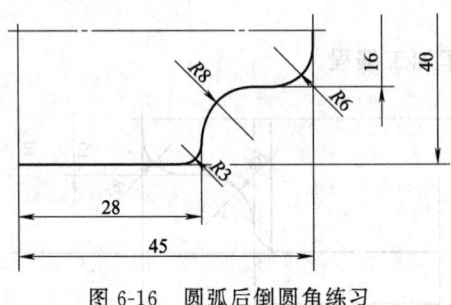

图 6-16   圆弧后倒圆角练习

知识应用与拓展

完成图 6-17、图 6-18 所示轮廓精加工程序。

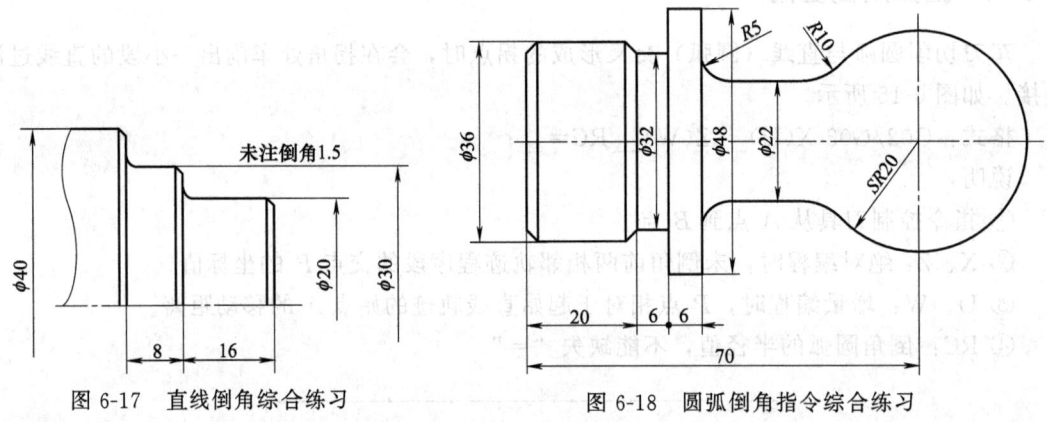

图 6-17   直线倒角综合练习   图 6-18   圆弧倒角指令综合练习

6.3   螺纹切削指令编程 G32

G32 用于单次螺纹切削，可加工英制螺纹和公制螺纹。刀具轨迹如图 6-19 所示。

格式：G32 X(U)＿ Z(W)＿ R＿ E＿ P＿ F＿

说明：

① X、Z：绝对编程时，有效螺纹终点在工件坐标系中的坐标。

② U、W：增量编程时，有效螺纹终点相对于螺纹切削起点的位移量。

③ F：螺纹导程，即主轴每转一圈，刀具相对于工件的进给值。

④ R、E：螺纹切削的退尾量，R 表示 Z 向退尾量；E 为 X 向退尾量。

⑤ R、E 在绝对或增量编程时都是以增量方式指定，其为正表示沿 Z、X 正向回退，负表示沿 Z、X 负向回退。使用 R、E 可免去退刀槽。R、E 可以省略，表示不用回退功能；

根据螺纹标准 R 一般取 0.75～1.75 倍的螺距，E 取螺纹的牙型高。

⑥ P：主轴基准脉冲处距离螺纹切削起始点的主轴转角。

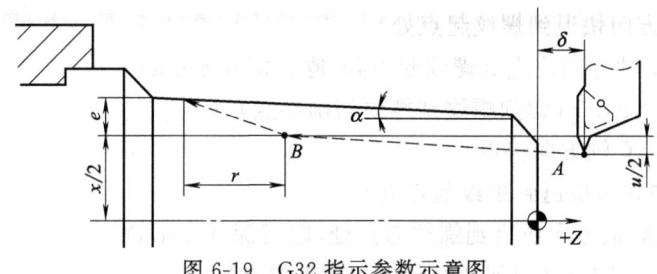

图 6-19 G32 指示参数示意图

注意：

① 从螺纹粗加工到精加工，主轴的转速必须保持固定值。

② 在没有停止主轴的情况下，停止螺纹的切削将非常危险，因此螺纹切削时进给保持功能无效，如果按下进给保持按键，刀具在加工完螺纹后停止运动。

③ 在螺纹加工中不使用恒定线速度控制功能。

④ 在螺纹加工轨迹中应设置足够的升速进刀段 δ 和降速退刀段 δ'，以消除伺服滞后造成的螺距误差。

⑤ 螺纹切削不可单次完成，否则螺纹表面撕裂严重。建议根据材料材料强度，增加切削次数。表 6-1 是铜、铝、中低碳钢等材料的切削参数。

表 6-1　螺纹切削参数 （米制螺纹）　　　　mm

螺距		1.0	1.5	2	2.5	3	3.5	4
牙深（半径量）		0.649	0.974	1.299	1.624	1.949	2.273	2.598
切削次数及吃刀量（直径量）	1 次	0.7	0.8	0.9	1.0	1.2	1.5	1.5
	2 次	0.4	0.6	0.6	0.7	0.7	0.7	0.8
	3 次	0.2	0.4	0.6	0.6	0.6	0.6	0.6
	4 次		0.16	0.4	0.4	0.4	0.6	0.6
	5 次			0.1	0.4	0.4	0.4	0.4
	6 次				0.15	0.4	0.4	0.4
	7 次					0.2	0.2	0.4
	8 次						0.15	0.3
	9 次							0.2

例：完成图 6-20 的螺纹车削编程。

解：

%0032

N10 T0404 （选 4 号螺纹刀,并调用该刀对应的参数）

N20 M03 S100 （主轴以 100r/min 旋转）

N30 G00 X29.2 Z3 （到螺纹起点,升速段 3mm,吃刀深 0.8mm）

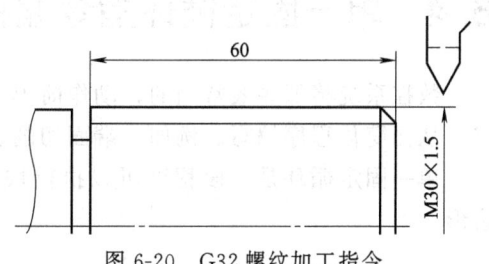

图 6-20 G32 螺纹加工指令

N40 G32 Z－62 F1.5（切削螺纹到螺纹切削终点,降速段 1mm）

N50 G00 X40（X 轴方向快退）

N60 Z3（Z 轴方向快退到螺纹起点处）

N70 X28.6（X 轴方向快进到螺纹起点处,吃刀深 0.6mm）

N80 G32 Z－62 F1.5（切削螺纹到螺纹切削终点）

N90 G00 X40（X 轴方向快退）

N100 Z3（Z 轴方向快退到螺纹起点处）

N110 X28.2（X 轴方向快进到螺纹起点处,吃刀深 0.4mm）

N120 G32 Z－62 F1.5（切削螺纹到螺纹切削终点）

N130 G00 X40（X 轴方向快退）

N140 Z3（Z 轴方向快退到螺纹起点处）

N150 U-11.96（X 轴方向快进到螺纹起点处,吃刀深 0.16mm）

N160 G32 W－62 F1.5（切削螺纹到螺纹切削终点）

N170 G00 X40（X 轴方向快退）

N180 X50 Z200（回对刀点）

N190 M05（主轴停）

N200 M30（主程序结束并复位）

知识应用与拓展

完成图 6-21 的螺纹精加工程序。

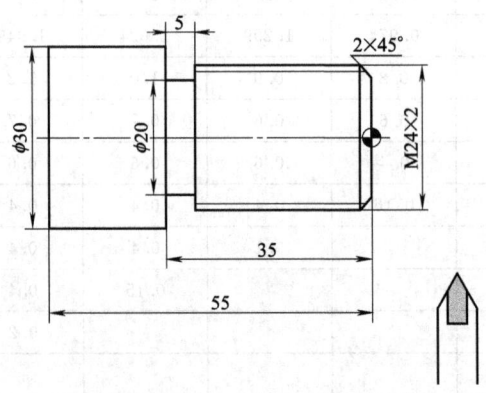

图 6-21　螺纹加工指令练习

6.4　单一固定循环指令编程

数控系统将那些最常用的,动作简单、路径相近且重复使用的工艺过程定义为功能指令字,从而简化程序编写。例如:端面切削、内外圆切削、螺纹切削等。

单一固定循环是一段程序可以执行快进、进给、退刀动作。刀具路径为一个封闭的四边形。

6.4.1 圆柱面内（外）径切削循环 G80

（1）圆柱面切削循环

G80 是最常用的固定切削指令之一，可用于内外圆柱面、圆锥面的粗精加工。

G80 用于加工圆柱面时，刀具路径为封闭的矩形，如图 6-22 所示。

格式：G80 X＿ Z＿ F＿；

说明：

X、Z：绝对值编程时，为切削终点 C 在工件坐标系下的坐标；增量值编程时，U、W 为切削终点 C 相对于循环起点 A 的有向距离。AB 段、CD 段、DA 段是 G00 速度；BC 段是 G01 进给速度。

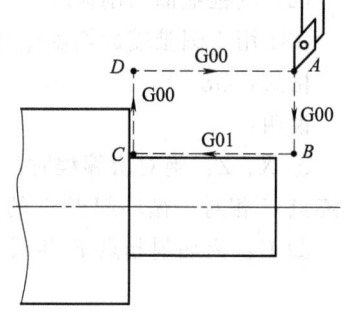

图 6-22 G80 圆柱面切削刀具轨迹

例：已知 A 点坐标（35，3），C 点坐标（28，—37），如图 6-22 所示。编写程序段，使刀具完成一次圆柱面切削循环。

解：G00 X35 Z3

G80 X28 Z—37 F50

（2）圆锥面切削循环

G80 还可以用于切削圆锥面，需要增加锥度参数指令字 I，刀具路径如图 6-23 所示。

格式：G80 X＿ Z＿ I＿＿ F＿；

说明：

X、Z：绝对值编程时，为切削终点 C 在工件坐标系下的坐标；增量值编程时，为切削终点 C 相对于循环起点 A 的有向距离，图形中用 U、W 表示。

I：为切削起点 B 与切削终点 C 的半径（到 Z 轴的距离）差 $r_b - r_c$。无论是绝对值编程还是增量值编程都要保留 I 的符号。

例：已知 A 点坐标（40，5），C 点坐标（30，—40），如图 6-23 所示。编写程序段，使刀具完成一次圆锥面切削循环，锥度为 4.5。

解：G00 X35 Z3

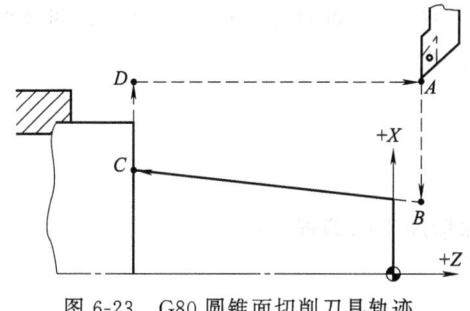

图 6-23 G80 圆锥面切削刀具轨迹

G80 X28 Z—37 I5 F50

6.4.2 端面切削循环 G81

（1）圆柱端面切削循环

G81 用于端平面切削循环，刀具轨迹如图 6-24 所示。

格式：G81 X＿ Z＿ F＿；

说明：

X、Z：绝对值编程时，为切削终点 C 在工件坐标系下的坐标；增量值编程时，为切削终点 C 相对于循环起点 A 的有向距离。

例：已知 A 点坐标（35，3），C 点坐标（15，−20），如图 6-24 所示。编写程序段，使刀具完成一次圆柱端面切削循环。

解：G00 X35 Z3

G81 X15 Z−20 F50

（2）圆锥端面切削循环

G81 用于圆锥端面切削循环，刀具轨迹如图 6-25 所示。

格式：G81 X ＿ Z ＿ K ＿ F ＿；

说明：

① X、Z：绝对值编程时，为切削终点 C 在工件坐标系下的坐标；增量值编程时，为切削终点 C 相对于循环起点 A 的有向距离，图形中用 U、W 表示。

② K：为切削起点 B 相对于切削终点 C 的 Z 向有向距离。

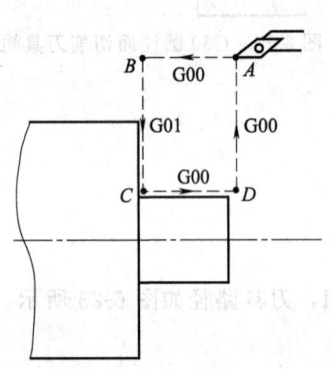

图 6-24　G81 端面切削刀具轨迹

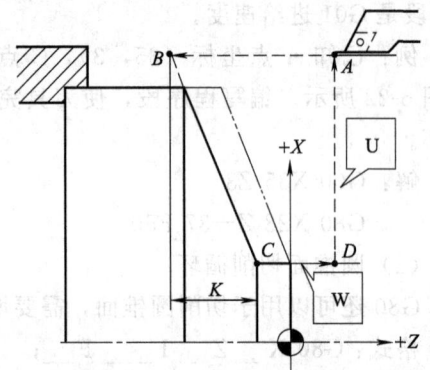

图 6-25　G81 圆锥端平面切削刀具轨迹

例：已知 A 点坐标（35，5），B 点坐标（35，−15），C 点坐标（15，−5），如图 6-25 所示。编写程序段，使刀具完成一次圆柱端面切削循环。

解：G00 X35 Z3

G81 X28 Z−20 K−20 F50

➤ 小节训练

用 G80 和 G81 指令完成如图 6-26 所示零件轮廓精加工的编程。

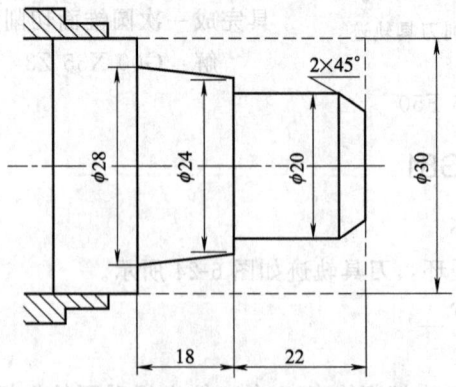

图 6-26　外圆与端面切削固定循环指令练习

6.4.3 螺纹切削循环 G82

螺纹切削指令 G82 是用于螺纹车削单次循环指令。执行一次，完成 X 轴向快进、Z 向车螺纹、X 向快退和 Z 向快退，最终回到刀具起点。

（1）直螺纹切削循环

G82 可用于加工标准直（圆柱）螺纹。刀具轨迹如图 6-27 所示。

格式：G82 X(U)__ Z(W)__ R__ E__ C__ P__ F__；

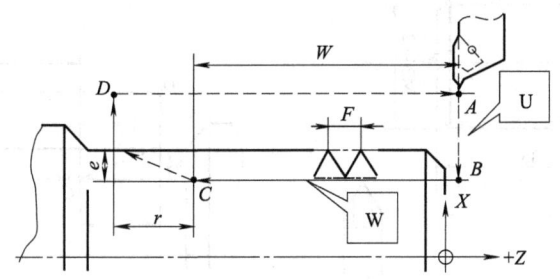

图 6-27 直螺纹切削刀具轨迹

说明：

① X、Z：绝对值编程时，为螺纹终点 C 在工件坐标系下的坐标；增量值编程时，为螺纹终点 C 相对于循环起点 A 的有向距离，图形中用 U、W 表示。

② R，E：螺纹切削的退尾量，R、E 均为向量，R 为 Z 向回退量；E 为 X 向回退量，R、E 可以省略，表示不用回退功能。

③ C：螺纹头数，为 0 或 1 时切削单头螺纹。

④ P：单头螺纹切削时，为主轴基准脉冲处距离切削起始点的主轴转角（缺省值为 0）；多头螺纹切削时，为相邻螺纹头的切削起始点之间对应的主轴转角。

⑤ F：螺纹导程。

注意：

螺纹切削循环同 G32 螺纹切削一样，在进给保持状态下，该循环在完成全部动作之后才停止运动。

例：完成图 6-28 的螺纹车削编程。

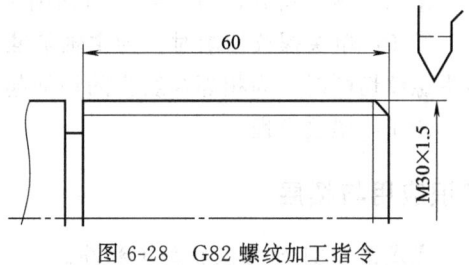

图 6-28 G82 螺纹加工指令

解：

%0082

N10 T0404（选 4 号螺纹刀，并调用该刀参数）

N20 M03 S100（主轴以 100r/min 旋转）

N30 G00 X35 Z3（到螺纹起点，升速段 3mm）

N40 G82 X29.2 Z−62 F1.5（第一次切螺纹，吃刀深 0.8mm）

N50 G82 X28.6 Z−62 F1.5（第二次切螺纹，吃刀深 0.6mm）

N60　　X28.2 Z−62 F1.5（第三次切螺纹，吃刀深 0.6mm）

N70　　U−11.96　W−62 F1.5（第四次切螺纹，吃刀深 0.16mm）

N80 X50 Z200（回对刀点）

N90 M05（主轴停）

N100 M30（主程序结束并复位）

➤ 小结训练：用 G82 完成图 6-29 的螺纹精加工程序。

（2）锥螺纹切削循环

G82 还可用于加工标准锥（圆锥）螺纹。刀具轨迹如图 6-30 所示。

格式：G82 X_ Z_ I_ R_ E_ C_ P_ F_；

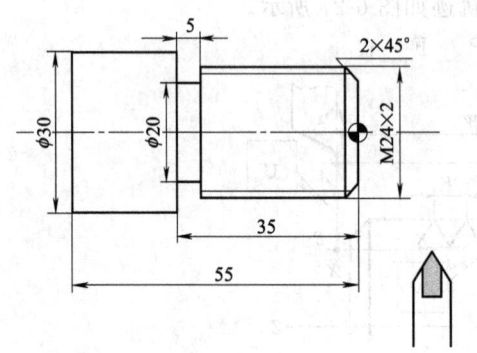

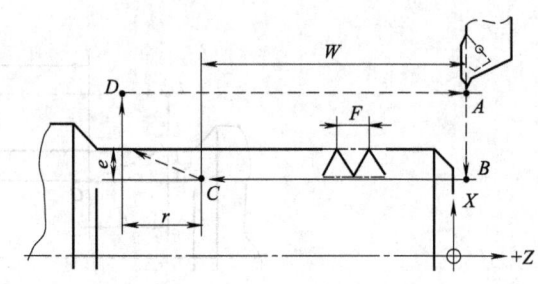

图 6-29　螺纹加工指令练习 　　　　　图 6-30　G82 车削锥螺纹刀具轨迹

说明：

① X、Z：绝对值编程时，为螺纹终点 C 在工件坐标系下的坐标；增量值编程时，为螺纹终点 C 相对于循环起点 A 的有向距离。

② I：为螺纹起点 B 与螺纹终点 C 的半径差。其符号为差的符号（无论是绝对值编程还是增量值编程）。

③ R、E：螺纹切削的退尾量，R、E 均为向量，R 为 Z 向回退量，E 为 X 向回退量，R、E 可以省略，表示不用回退功能。

④ C：螺纹头数，为 0 或 1 时切削单头螺纹。

⑤ P：单头螺纹切削时，为主轴基准脉冲处距离切削起始点的主轴转角（缺省值为 0）；多头螺纹切削时，为相邻螺纹头的切削起始点之间对应的主轴转角。

⑥ F：螺纹导程。

知识应用与拓展

完成图 6-31 的螺纹精加工程序。

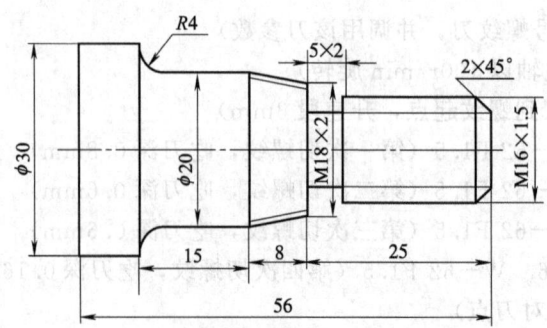

图 6-31　螺纹指令综合练习

6.5　复合循环指令编程

运用这组复合循环指令，只需指定精加工路线和粗加工的吃刀量，系统会自动计算粗加工路线和走刀次数。

6.5.1　内（外）圆粗车复合循环 G71

粗车复合循环 G71 指令的应用，分为有、无凹槽两种情况。切削路径以圆柱面层切为主。

（1）G71 指令加工无凹槽

在零件没有凹槽时，G71 指令产生刀具轨迹如图 6-32 所示。执行 G71 前，需将车刀移至指定点。数控系统会以该点进行计算，每次向 X 轴进给 Δd，然后再沿 Z 轴进给方向走刀，直到与零件的轮廓偏置线（余量）相交，沿 X 轴反向退刀；再沿 X 轴进给 Δd，Z 轴走刀，进行第二层切削。最后，车刀会沿零件的轮廓偏置线加工一遍。

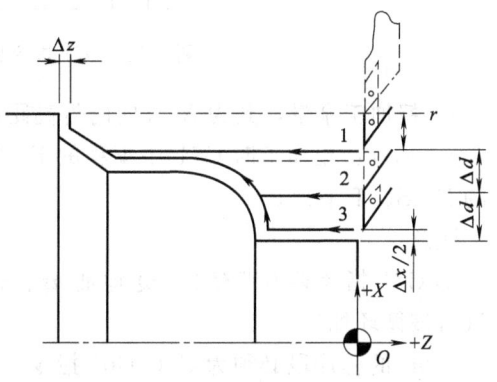

图 6-32　G71 加工无凹槽时的刀具轨迹

格式：G71 U(Δd) R(r) P(ns) Q(nf) X(Δx) Z(Δz) F(f) S(s) T(t)；

说明：

Δd：切削深度（每次切削量），不加符号，方向由起点与轮廓的相对位置决定。

r：每次退刀量。

ns：精加工路径第一程序段的顺序号。

nf：精加工路径最后程序段的顺序号。

Δx：X 方向精加工余量。

Δz：Z 方向精加工余量。

f，s，t：粗加工时 G71 中编程的 F、S、T 有效，而精加工时处于 ns 到 nf 程序段之间的 F、S、T 有效。

（2）G71 指令加工有凹槽

G71 加工有凹槽的零件时，数控系统会计算出 Z 轴方向平行进刀轨迹与轮廓偏置线的交点，并进行避让。如图 6-33 所示。

格式：

G71 U(Δd) R(r) P(ns) Q(nf) E(e) F(f) S(s) T(t)；

说明：

Δd：切削深度（每次切削量），不加符号，方向由起点与轮廓的相对位置决定。

r：每次退刀量。

ns：精加工路径第一程序段的顺序号。

nf：精加工路径最后程序段的顺序号。

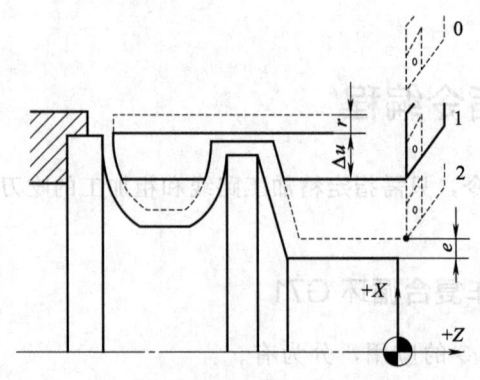

图 6-33　G71 指令加工有凹槽时的刀具轨迹

e：精加工余量，其为 X 方向的等高距离；外径切削时为正，内径切削时为负。

f，s，t：粗加工时 G71 中编程的 F、S、T 有效，而精加工时处于 ns 到 nf 程序段之间的 F、S、T 有效。

注意：

① G71 指令必须带有 P、Q 地址 ns、nf，且与精加工路径起、止顺序号对应，否则不能进行该循环加工。

② ns 的程序段必须为 G00/G01 指令。

③ 在顺序号为 ns 到顺序号为 nf 的程序段中，不应包含子程序。

例：取长度大于 65mm 的 $\phi30$ 棒料，完成图 6-34 所示零件的加工。

解：%0071

T0101；90°外圆车刀

N10 M03 S500

N20 G00 X32 Z3；给定初始点

N30 G71 U0.5 R0.3 P40 Q90　X0.3

Z0.1 F20；调用固定加工循环指令 G71

N40 G01 X16 Z1

N50　　X16 Z0

N60　　X20 Z-20

N70　　Z-35

N80 G01　X28　C1

N90　　W-6

N100　X200

N110 T0303 ；换主副偏角大于 60°的白钢刀

N120 G00　X31 Z-40

N130 G71 U0.5　R0.3　P140　Q170　E0.3　Z0.1 F20

N140 G01　X28　Z-41

N150　　X18　Z-43

N160　　Z-51

N170　　X28　Z-53

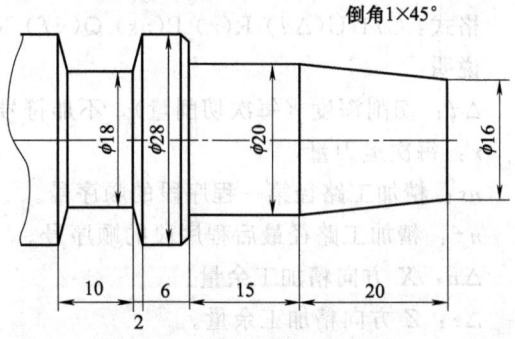

图 6-34　G71 指令编程练习

N150 X35

N160 Z100

N170 M05

N180 M02

➢ 小节训练：完成图 6-35 的螺纹精加工程序。

6.5.2　端面粗车复合循环 G72

G72 指令的切削路径以端面层切为主。每次进刀 Z 向间隔 Δd，刀具轨迹如图 6-36 所示。

格式：

G72 W(Δd) R(r) P(ns) Q(nf) X(Δx) Z(Δz) F(f) S(s) T(t)；

说明：

Δd：切削深度（每次切削量），不加符号，方向由起点与轮廓的相对位置决定。

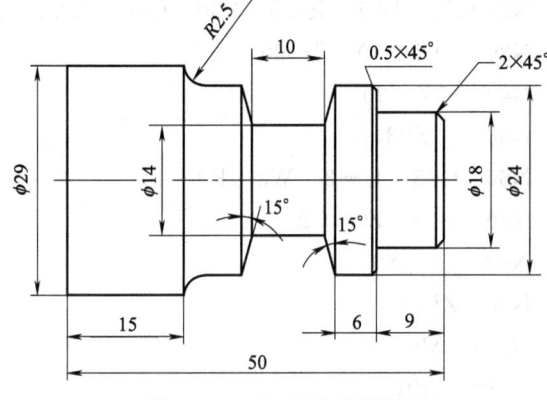

图 6-35　G71 指令编程练习

r：每次退刀量。

ns：精加工路径第一程序段的顺序号。

nf：精加工路径最后程序段的顺序号。

Δx：X 方向精加工余量。

Δz：Z 方向精加工余量。

f、s、t：粗加工时 G71 中编程的 F、S、T 有效，而精加工处于 ns 到 nf 程序段之间的 F、S、T 有效。

注意：

① G72 指令必须带有 P、Q 地址，否则不能进行该循环加工。

② 在 ns 的程序段中应包含 G00/G01 指令，且该程序段中不应编有 X 向移动指令。

③ 在顺序号为 ns 到顺序号为 nf 的程序段中，可以有 G02/G03 指令，但不应包含子程序。

例：选用 $\phi 32$ 的棒料，利用 G72 加工出如图 6-37 所示的零件。

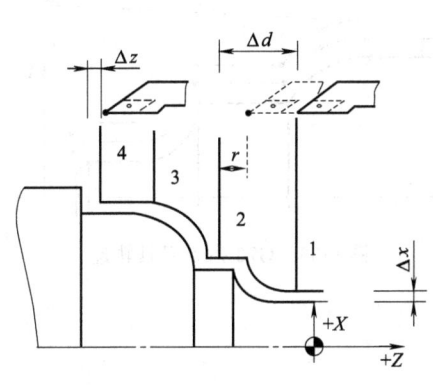

图 6-36　G72 指令刀具轨迹

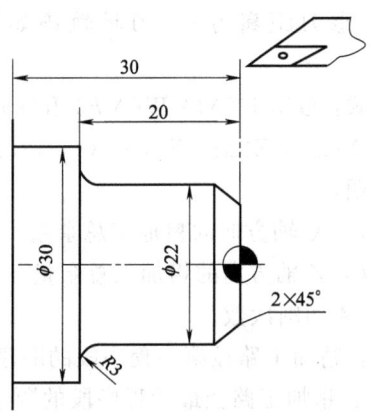

图 6-37　G72 指令练习

解：

%0072

T0202

M03 S300

N10 G00 X33 Z1

N20 G72 W 1 R0.5 P30 Q80 X0.2 Z0.1 F20

N30　G01 X30 Z—30

N40　　Z—20

N50　　X28

N60　G03 U—3 W3 R3

N70　G01 Z0 C2

N80　　X0

N90　Z100

N100　M05

N110　M02

➤ 小节训练：选 ϕ30 的棒料，完成图 6-38 所示的零件加工。

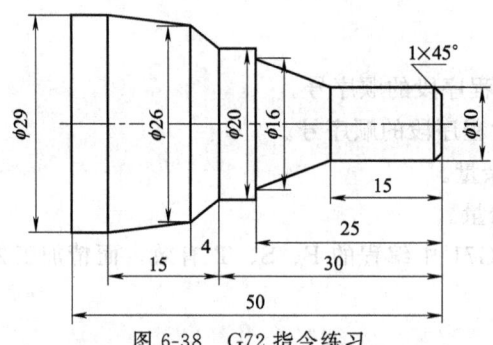

图 6-38　G72 指令练习

6.5.3　封闭轮廓复合循环 G73

　　G73 每次进刀轨迹为零件轮廓线的偏置线。偏置线距离 ΔI（X 轴方向），Δk（Y 轴方向）。退刀距离为 r。刀具轨迹如图 6-39 所示。

　　格式：G73 U(ΔI) W(Δk) R(r) P(ns) Q(nf) X(Δx) Z(Δz) F(f) S(s) T(t)

　　说明：

　　ΔI：X 轴方向的粗加工总余量。

　　Δk：Z 轴方向的粗加工总余量。

　　r：粗切削次数。

　　ns：精加工路径第一程序段的顺序号。

　　nf：精加工路径最后程序段的顺序号。

　　Δx：X 方向精加工余量。

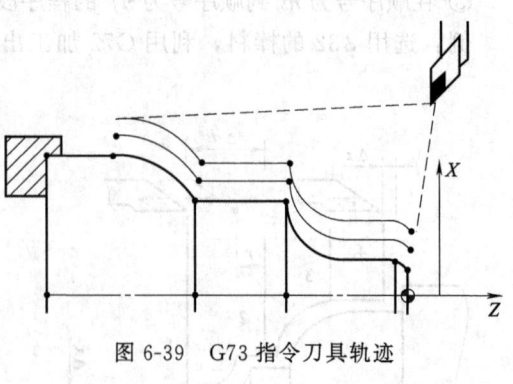

图 6-39　G73 指令刀具轨迹

Δz：Z 方向精加工余量。

f,s,t：粗加工时 G71 中编程的 F、S、T 有效，而精加工时处于 ns 到 nf 程序段之间的 F、S、T 有效。

注意：

ΔI 和 Δk 表示粗加工时总的切削量，粗加工次数为 r，则每次 X、Z 方向的切削量为 $\Delta I/r$，$\Delta k/r$。

按 G73 段中的 P 和 Q 指令值实现循环加工，要注意 Δx 和 Δz，ΔI 和 Δk 的正负号。

例：利用 G73 指令完成如图 6-40 所示零件的编程与加工。

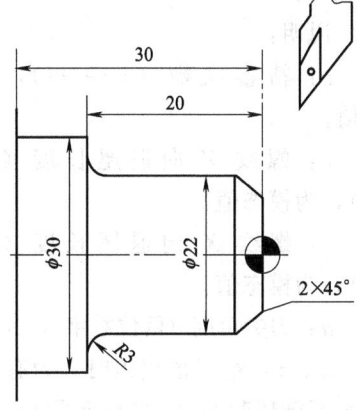

图 6-40　G73 指令应用实例

解：

%0072

T0202

M03 S300

N10 G00 X33　Z1

N20 G73　W 0.2　R0.2　P30　Q80　X0.1　Z0.1　F20

N30　G01 X0　Z0

N40　　X22　C2

N50　　Z－17

N60　G02　U3　W－3　R3

N70　G01　Z－30

N80　　　X31

N90　Z100

N100　M05

N110　M02

➤ 小节训练：选 $\phi30$ 的棒料，完成图 6-41 所示的零件加工程序。

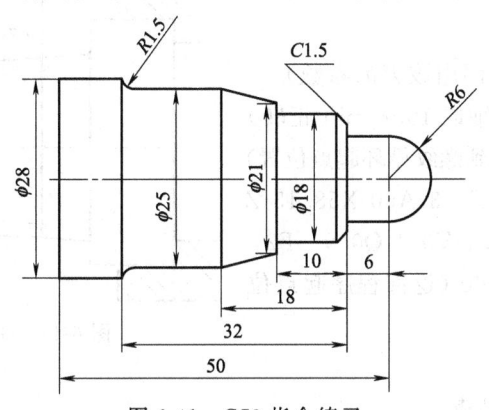

图 6-41　G73 指令练习

6.5.4　螺纹切削复合循环 G76

G76 用于切削圆柱螺纹、锥螺纹复合循环加工。刀具轨迹如图 6-42 所示。

格式：

G76C(c)R(r)E(e)A(a)X(x)Z(z)I(i)K(k)U(d)V(Δd_{min})Q(Δd)P(p)F(L);

说明：

c：精整次数（1～99），为模态值。

r：螺纹 Z 向退尾长度（00～99），为模态值。

e：螺纹 X 向退尾长度（00～99），为模态值。

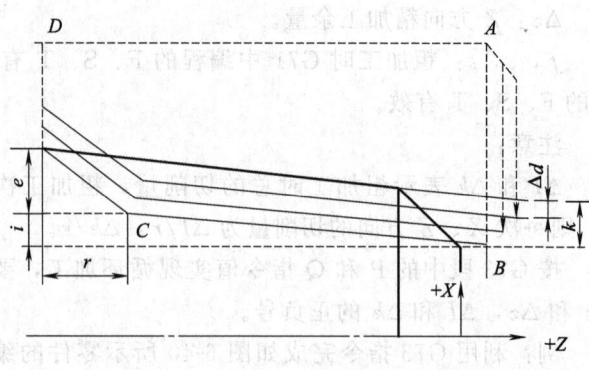

图 6-42　G76 螺纹切削循环刀具轨迹

a：刀尖角度（两位数字），为模态值；在 80°、60°、55°、30°、29°和 0°六个角度中选一个。

x、z：绝对值编程时，为有效螺纹终点 C 的坐标；增量值编程时，为有效螺纹终点 C 相对于循环起点 A 的有向距离（用 G91 指令定义为增量编程，用 G90 指令定义为绝对编程）。

i：螺纹两端的半径差；如 $i=0$，为直螺纹（圆柱螺纹）切削方式。

k：螺纹高度；该值由 x 轴方向上的半径值指定。

Δd_{min}：最小切削深度（半径值）；当第 n 次切削深度（$\Delta d \sqrt{n} - \Delta d \sqrt{n-1}$）小于 Δd_{min} 时，则切削深度设定为 Δd_{min}。

d：精加工余量（半径值）。

Δd：第一次切削深度（半径值）。

p：主轴基准脉冲处距离切削起始点的主轴转角。

L：螺纹导程（同 G32）。

例：用 G76 指令加工 ZM60×2 螺纹，如图 6-43 所示。

解：

%0076

T0404（换 4 号刀,并调用该刀的参数）

N10　M03 S100（主轴以 100r/min 正转）

N20　G00 X100　Z4（到螺纹循环起点位置）

N30　G76 C2 R−3 E1.3 A60 X58.15 Z−24 I−0.94 K1.299 U0.1 V0.1 Q0.9　F2

N40　G00 X100　Z200（返回程序起点位置或换刀点位置）

N50　M05（主轴停）

N60　M02（主程序结束）

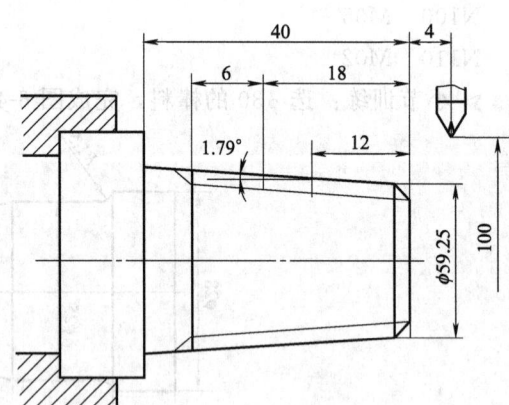

图 6-43　G76 指令应用实例

知识应用与拓展

1. 选 ϕ40 的棒料，完成图 6-44 所示零件的加工。

2. 选 ϕ30 棒料，利用所学完成图 6-45 所示零件的编程与加工。

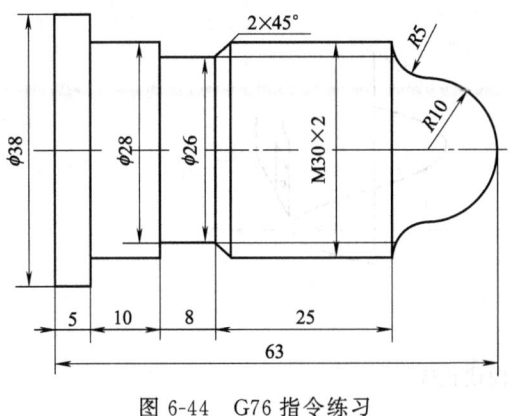

图 6-44　G76 指令练习

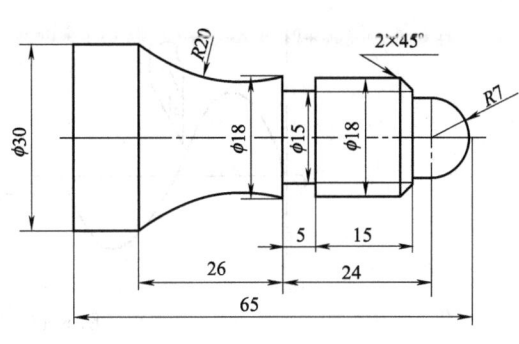

图 6-45　复合循环指令练习

6.6　数控车宏程序实例

在数控车床中，加工对象主要为各种类型的回转面，其中对于圆柱面、锥面、圆弧面和球面等的加工，可以利用直线插补和圆弧插补指令完成，而对于椭圆、抛物线等一些非圆曲线构成的回转体，加工起来具有一定的难度。本节以华中世纪星 HNC-21T 数控车削系统为平台，通过实例程序介绍抛物线宏程序的编写，可作为模板使用。

6.6.1　抛物线车削

用宏程序编制如图 6-46 所示抛物线在 X 区间 [0，8] 内的程序。

%6001
T0101 G37 M03 S600　;G37 半径编程
#0＝0　;X 坐标,初值为 0
#1＝0　;Z 坐标,初值为 0
WHILE #0 LE 8
G90 G01 X[#0] Z[－#1] F200
#0＝#0+0.08
#1＝#0 * #0/2
ENDW
G00 X40
Z80 M05
M30

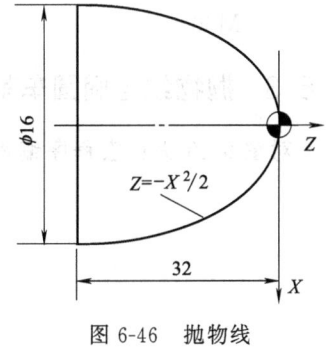

图 6-46　抛 物 线

6.6.2　正弦线车削

用宏程序编写正弦曲线方程，X 或 Z 均可以当做自变量，如图 6-47 所示。可选取其中一段进行编程加工。

%6002
M03 S600 T0101

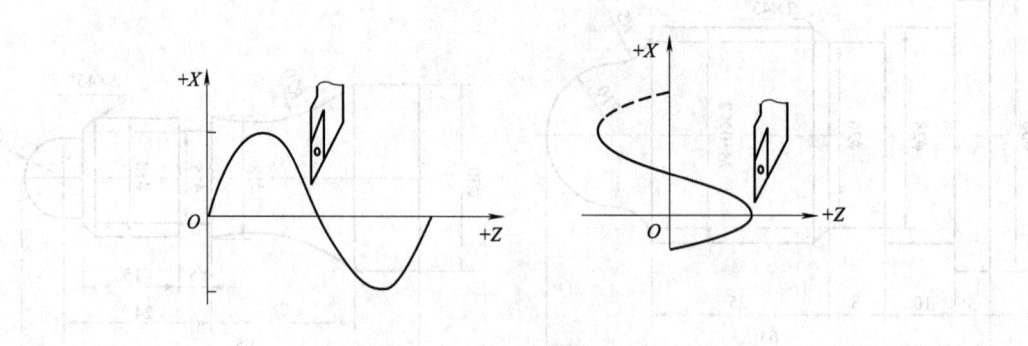

图 6-47　正弦曲线轨迹

G92 X80 Z30

G00 X25 Z3

G71 U0.6 R0.6 P6 Q13 X0.8 F100

N6 G0 X17

　　♯11＝0

　　WHILE ♯11 GE－25

　　♯9＝♯11＊PI/10

　　♯10＝3.5＊SIN[♯9]

　　G01 X[17－2＊♯10] Z[♯11] F100

　　♯11＝♯11－0.5

N13　ENDW

　　G01 X24 Z－25

　　Z－30

　　X30

　　G00 X80 Z30

　　M30

6.6.3　抛物线与椭圆车削

对图 6-48 进行宏程序编程。

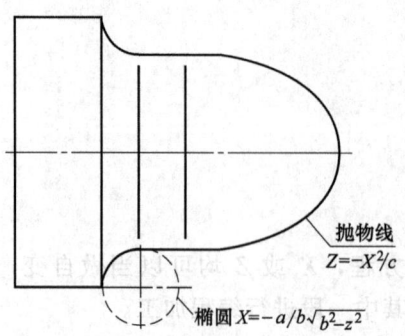

抛物线
$Z=-X^2/c$

椭圆 $X=-a/b\sqrt{b^2-z^2}$

图 6-48　抛物线与椭圆的宏程序讲解

％6003

G92 X50 Z100

M98 P8001 A8 B5 C4 U32 V40 W55

G36 G90 X50 Z0

M30

％8001

G64 G37 （连续切削,半径编程）

♯10＝0 ♯11＝0（抛物线起点）

WHILE ♯11 LE ♯20

    G01 X[♯10] Z[－♯11] F150

    ♯10＝♯10＋0.08 （抛物线 X 增量）

    ♯11＝♯10*♯10/♯2(计算抛物线 Z)

ENDW

♯50＝ SQRT[♯20*♯2]（抛物线与椭圆交接处半径）

G01 X[♯50] Z[－♯20](抛物线终点)

G01Z[－♯21] （直线终点）

♯12＝0 ♯13＝0（椭圆起点）

WHILE ♯13 LE ♯1

    ♯12＝♯0/♯1*SQRT[♯1*♯1－♯13*♯13]（椭圆 X 增量）

    G01 X[♯50＋♯0－♯12] Z[－♯21－♯13]

    ♯13＝♯13＋0.08 （椭圆 Z 增量）

ENDW

G01 X[♯50＋♯0] Z[－♯21－♯1]（椭圆终点）

Z[－♯22]

U2

G0 X50 Z100

M99

知识应用与拓展

对照例题，完成图 6-49 所示轮廓的宏程序编制。

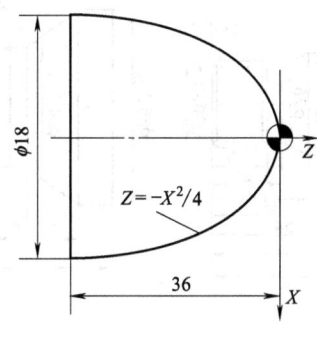

图 6-49 宏程序练习

6.7 数控车削加工综合训练

完成图 6-50 所示零件的编程与加工。

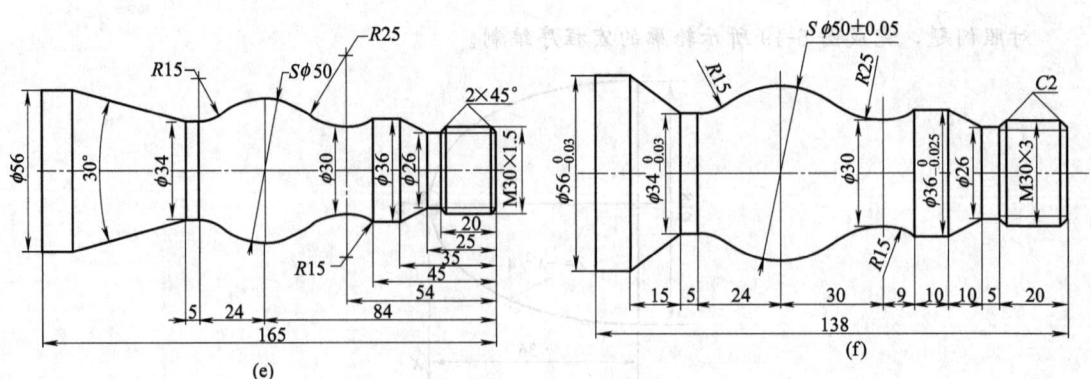

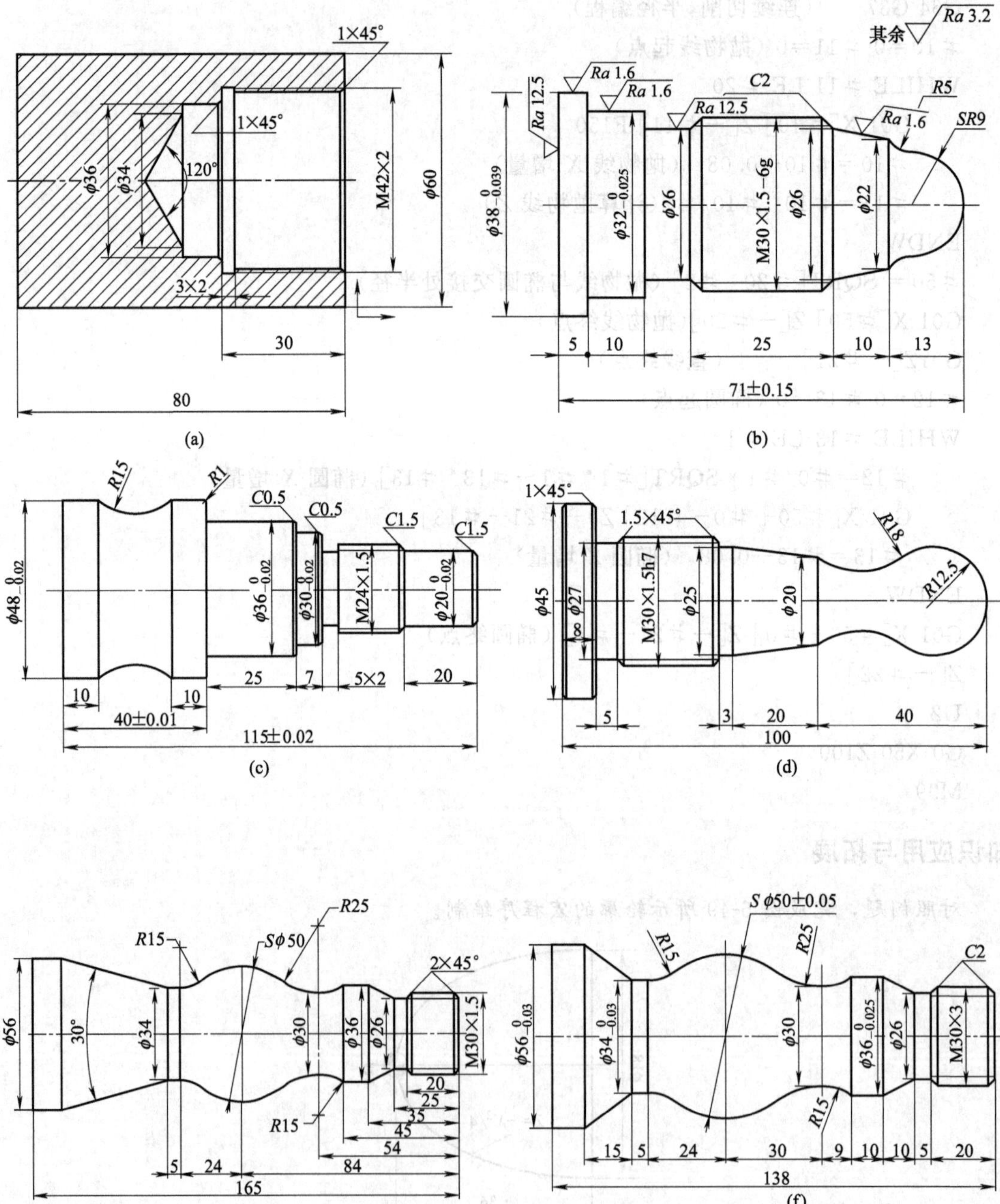

(a)

(b)

(c)

(d)

(e)

(f)

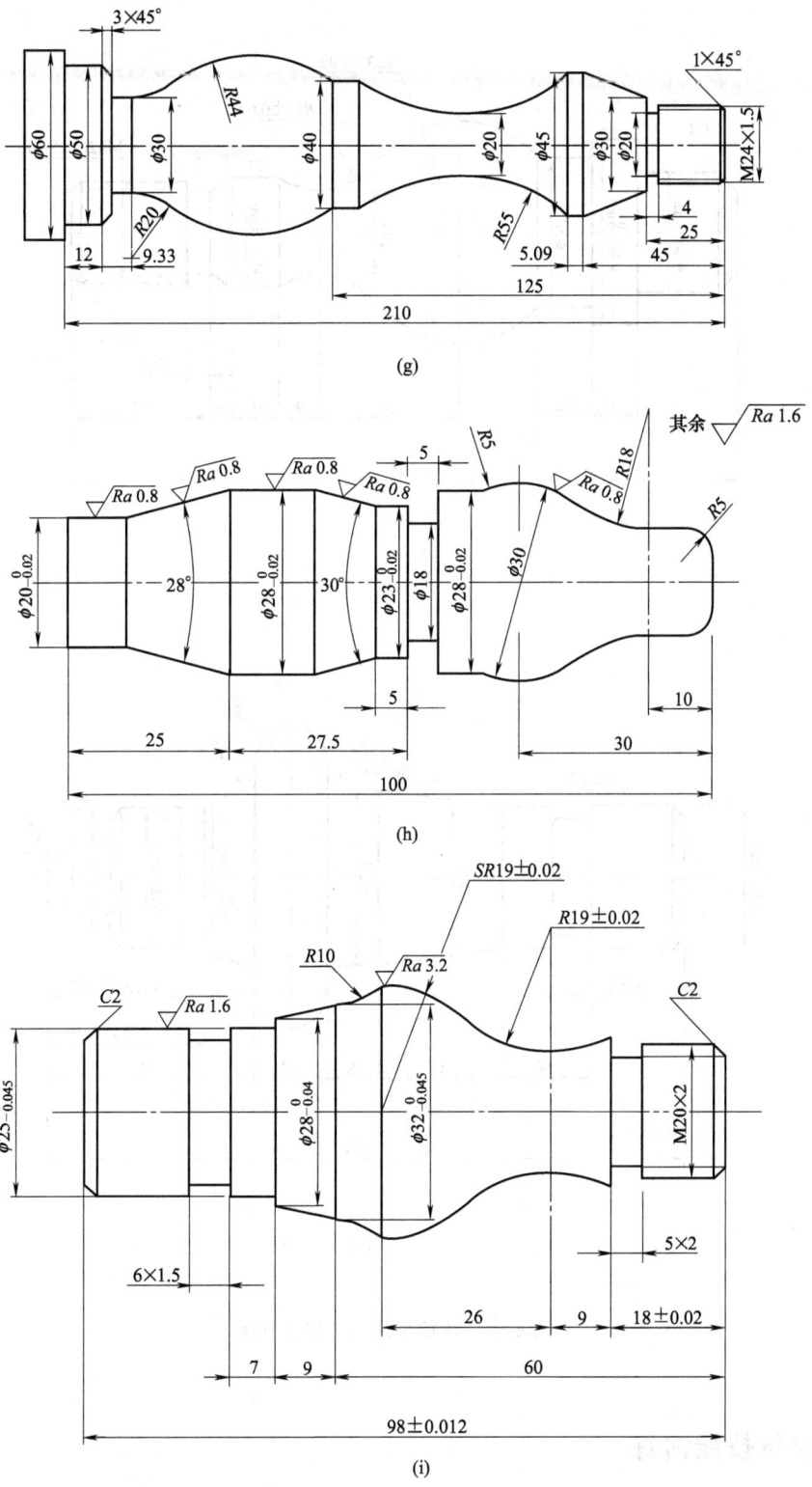

(g)

(h)

(i)

图 6-50

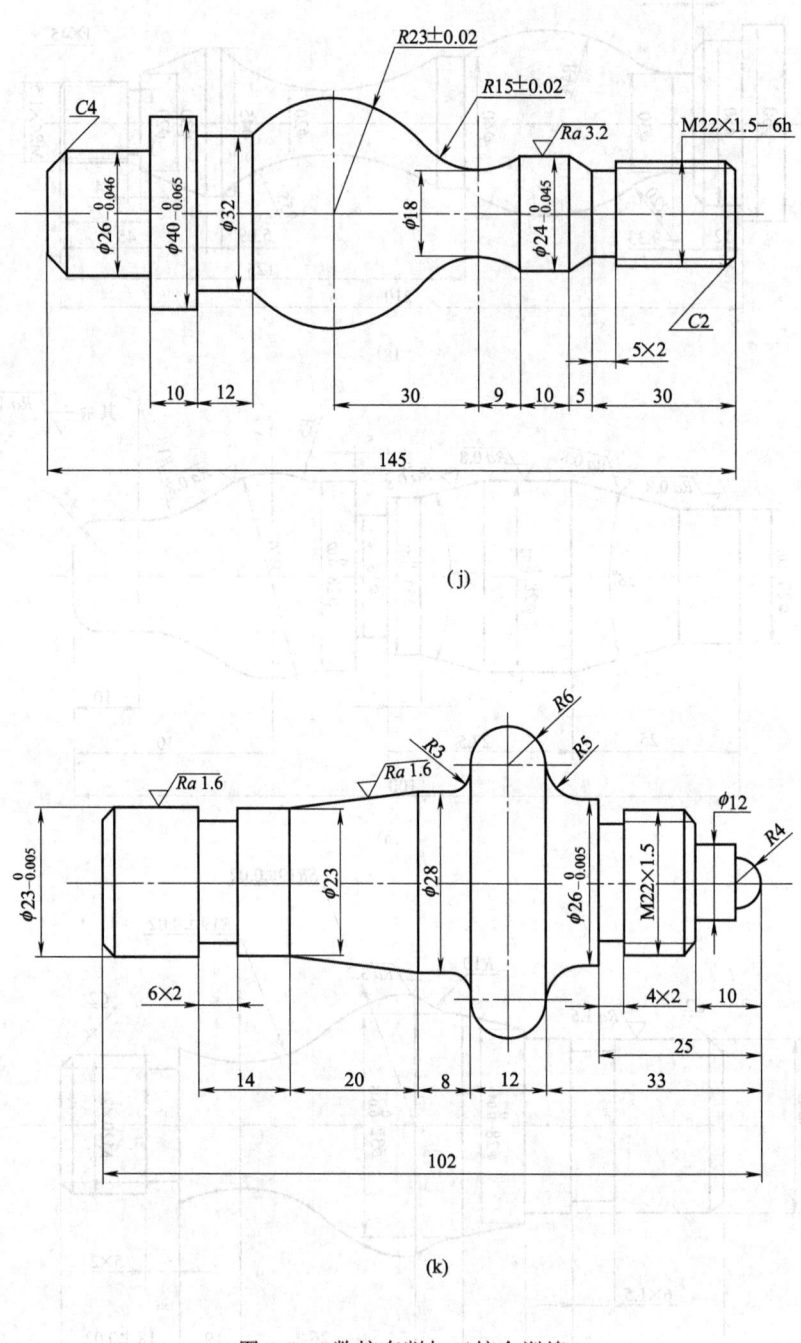

图 6-50 数控车削加工综合训练

知识巩固与技能演练

完成图 6-51 所示零件的编程。

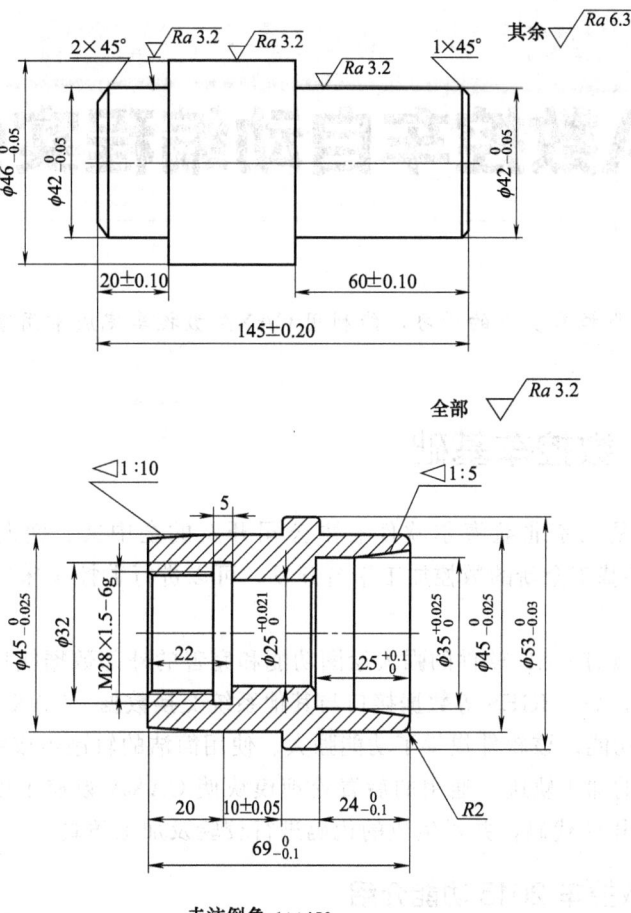

图 6-51   数控车宏程序指令练习

模块7

CAXA数控车自动编程实例精讲

学习要求:

通过对 CAXA 数控车实例的学习，能利用 CAXA 数控车完成常用零件的自动编程。

7.1 CAXA 数控车基础

CAXA 数控车是北京北航海尔软件有限公司开发的全中文、面向数控车床的 CAD/CAM 软件，该软件基于全新的数控加工平台开发，可以进行数控车床二维图形设计和软件编程加工。

CAXA 数控车具有 CAD 软件的强大绘图功能和完善的外部数据接口，可以绘制任意复杂的图形，可通过 DXF、IGES 等数据接口与其他系统交换数据。CAXA 数控车具有轨迹生成及通用后置处理功能。该软件提供了功能强大、使用简洁的轨迹生成手段，可按加工要求生成各种复杂图形的加工轨迹。通用的后置处理模块使 CAXA 数控车可以满足各种机床的代码格式，可以输出 G 代码，并对生成的代码进行校验及加工仿真。

7.1.1 CAXA 数控车 2015 功能介绍

CAXA 数控车的主要功能如下。

（1）图形编辑功能

CAXA 数控车有优秀的图形编辑功能，其操作速度是手工编程无可比拟的。曲线分成点、直线、圆弧、样条、组合曲线等类型。提供拉伸、删除、裁剪、曲线过渡、曲线打断、曲线组合等操作。提供多种变换方式如平移、旋转、镜像、阵列、缩放等。工作坐标可任意定义，并在多坐标系间随意切换。图层、颜色、拾取过渡工具应有尽有，系统完善。

（2）通用后置功能

开放的后置设置功能，用户可以根据所使用的机床自定义后置，允许根据特种机床自定义代码，自动生产符合特种机床的代码文件，用于加工。支持小内存机床系统加工大程序，自动将大程序分段输出功能。根据数控系统要求是否输出行号，行号是否自动填满。编程方式可以选择增量或绝对方式编程。坐标输出格式可以定义到小数及整数位数。圆弧输出方式是用 I，J，K 或者是 R 方式，由各自的含义设定。

（3）基本加工功能

轮廓粗车用于实现对工件外轮廓表面、内轮廓表面和端面的粗车加工，用来快速清除毛坯多余部分。轮廓精车实现对工件外轮廓表面、内轮廓表面和端面的精车加工。切槽用于工件外轮廓表面、内轮廓表面和端面切槽。钻中心孔用于在工件的旋转中心钻中心孔。

（4）高级加工功能

内外轮廓及端面的粗、精车削；样条曲线的车削；自定义公式曲线车削。

（5）加工轨迹自动干涉排除功能

避免人为因素的判断失误，造成加工过程中零件过切或撞刀。

（6）支持老机床

支持不具有循环指令的老机床编程，解决这类机床手工编程的烦琐工作。

（7）车螺纹功能

该功能为非固定循环方式时对螺纹加工，可以对螺纹加工中的各种工艺条件、加工方式进行灵活控制，螺纹的起始点坐标和终止点坐标通过用户的拾取自动计入加工参数中，不需要重新输入，减少出错环节。螺纹节距可以选择恒定节距或者变节距。螺纹加工方式可以选择粗加工，粗＋精一起加工两种方式。

7.1.2　CAXA 数控车 2015 软件界面介绍

CAXA 数控车 2015 的用户界面和其他 Windows 风格的软件一样，各种应用功能通过主菜单和工具条来实现。CAXA 数控车的工作界面如图 7-1 所示，它主要由绘图区、标题栏、主菜单、工具栏、状态栏组成。

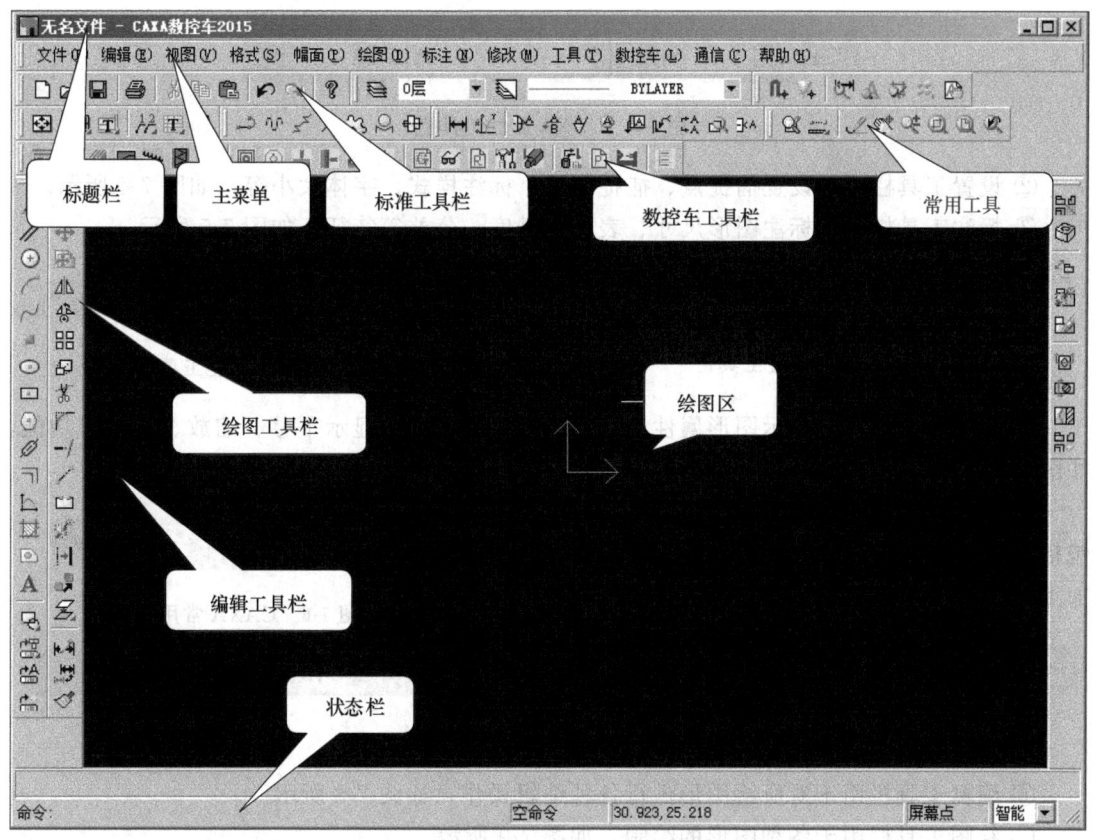

图 7-1　CAXA 数控车软件工作界面

（1）标题栏

标题栏位于工作界面最上方，用来显示 CAXA 数控车的程序图标以及当前正在运行文件的名字信息和当前运行软件的版本。如果是新建文件并且未经保存，则文件名显示为"无文件名"；如果文件经过保存或打开已有文件，则以"路径＋文件名"显示文件。

（2）主菜单

主菜单由"文件""编辑""视图""格式""幅面""绘图""标注""修改""工具""数控车""通信"及"帮助"等菜单项组成，这些菜单几乎包括了 CAXA 数控车 2015 的全部功能和命令。

（3）标准工具栏

标准工具栏实现文件的新建、打开、保存、打印、撤销及返回上一步操作等功能。图 7-2 为 CAXA 数控车 2015 的标准工具栏。

图 7-2　CAXA 数控车工具栏

（4）其他功能工具

工具栏是 CAXA 数控车提供的一种调用命令，它包含多个由图标表示的命令按钮，单击这些图标按钮，就可以调用相应命令。如图 7-3～图 7-9 所示的"属性工具""设置工具""标注工具""常用工具""数控车工具""编辑工具"及"绘图工具"等。

① 属性工具栏用于设置图层及线型，如图 7-3 所示。

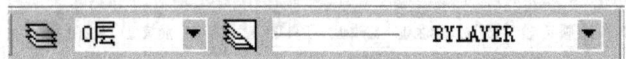

图 7-3　CAXA 属性工具栏

② 设置工具栏用于设置捕捉点、捕捉位置、标注样式、字体大小等，如图 7-4 所示。

③ 标注工具栏用于标注图形尺寸、表面粗糙度、公差等特征，如图 7-5 所示。

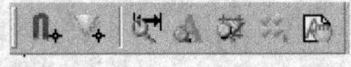

图 7-4　CAXA 设置工具栏

图 7-5　CAXA 标注工具栏

④ 常用工具栏用于显示图形属性、测量两点距离、动态显示平移、缩放、翻页等功能，如图 7-6 所示。

⑤ 数控车工具栏用于直接选取数控车加工类型，包括内、外轮廓粗精加工，切槽粗精加工，螺纹粗精加工等，如图 7-7 所示。

图 7-6　CAXA 常用工具

图 7-7　CAXA 数控车工具栏

⑥ 编辑工具栏用于对所绘图形进行各种编辑操作，如图 7-8 所示。

⑦ 绘图工具栏用于各种图形的绘制，如图 7-9 所示。

（5）状态栏

状态栏位于绘图窗口底部，用来反映当前的绘图状态。状态栏左端是命令提示符，提示用户当前动作；状态栏中部为工具状态栏，用来指出用户当前的工具状态；状态栏右端为当前光标坐标位置和操作指导栏，如图 7-10 所示（以镜像为例）。

图 7-8　CAXA 编辑工具栏　　　　　　　　　　　图 7-9　CAXA 绘图工具

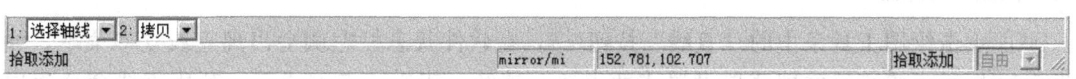

图 7-10　状态栏

（6）工具菜单

工具菜单是将操作过程中频繁使用的命令选型分类组合在一起而形成的菜单。当操作中需要某一特征量时，只要按下空格键，即在屏幕上弹出工具菜单。工具菜单包括选集工具菜单和点工具菜单。选集工具菜单用来拾取所需元素的工具，如图 7-11 所示；点工具菜单用来选择具有几何特征的点的工具，如图 7-12 所示。

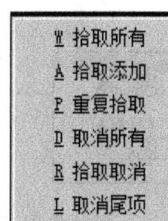

图 7-11　选集工具菜单

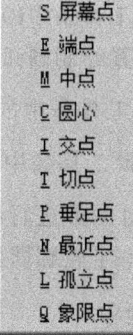

图 7-12　点工具菜单

7.2　典型轴类零件自动编程实例精解

以图 7-13 所示的螺纹轴零件（毛坯直径 $\phi50$）为例，介绍 CAXA 数控车 2015 自动编程过程。

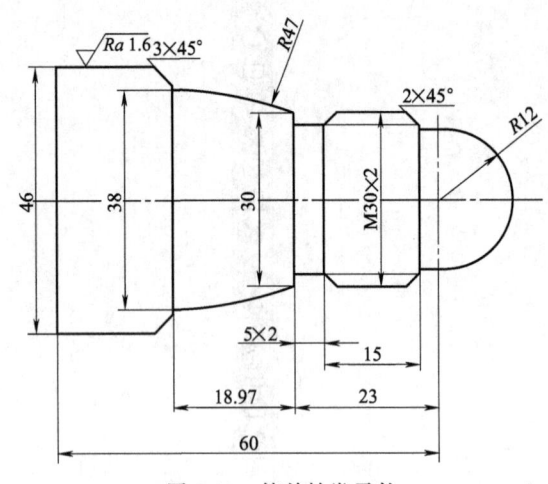

图 7-13　简单轴类零件

7.2.1　零件工艺结构分析

该零件的形状比较简单，主要由外圆柱表面、圆弧表面、沟槽、倒角、螺纹等构成，除了没有内孔和内螺纹以外，基本涵盖了大部分数控车床的加工方式；加工顺序按照由粗车到精车、由近到远的原则确定，先自右向左粗车外圆，然后自右向左精车外圆，接着车削 5×2 的螺纹退刀槽，最后车削 M30×2 的螺纹。

7.2.2　零件轮廓绘制

零件轮廓是自动编程刀具轨迹生成的主要依据。绘制步骤如下。

① 点击绘图工具条中的"直线"按钮，在软件状态栏左侧会出现直线立即菜单，如图 7-14 所示，将直线立即菜单设置成两点线、连续、正交、点方式等，利用直线命令逐次绘制轮廓线。

图 7-14　直线绘图工具条

② 点击绘图工具条中的"圆弧"按钮，在软件状态栏左侧会出现圆弧立即菜单，如图 7-15 所示，设置绘制圆弧方式，绘制出圆弧轮廓。

③ 利用绘图工具条中的"偏移"按钮进行作图，利用编辑工具条中的"剪切"按钮、"倒角"按钮对图形进行编辑，画出零件外轮廓（只需要画出一半轮廓即可），如图 7-16 所示。

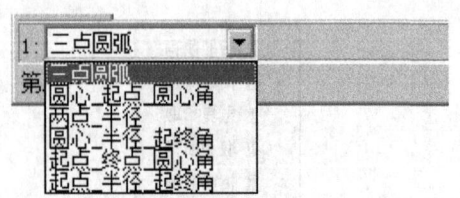

图 7-15　圆弧绘图工具条

7.2.3　刀具定义

对该零件进行加工工艺分析。加工该零件需

要三把不同类型的刀具，分别是外圆车刀、切槽刀和 60°外螺纹车刀。

（1）外轮廓车刀设置

单击数控车工具栏上的"刀具库管理"按钮 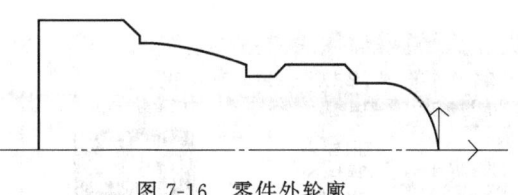，弹出"刀具库管理"对话框，选择"轮廓车刀"选项卡，点击"增加刀具"按钮 增加刀具[I]，弹出"增加轮廓车刀"对话框，根据实际使用的刀具，对外轮廓车刀进行相应的参数设置，如图 7-17 所示。

图 7-16　零件外轮廓

点击"确定"按钮，刀具库管理对话框中就会出现所设置的外轮廓车刀，如图 7-18 所示。

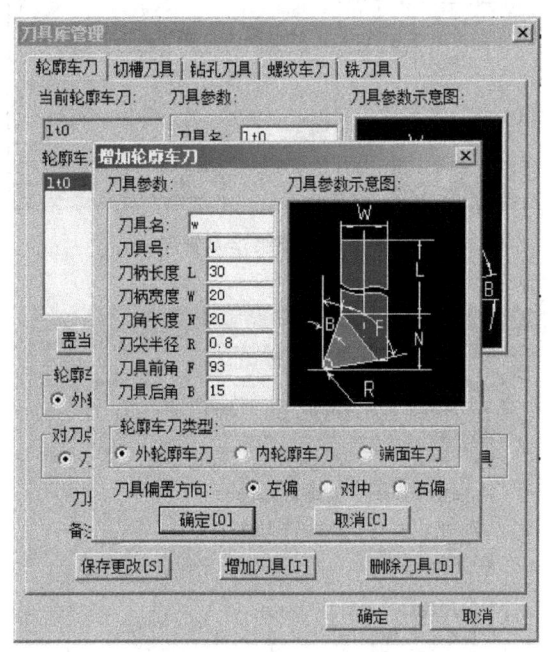

图 7-17　刀具参数对话框

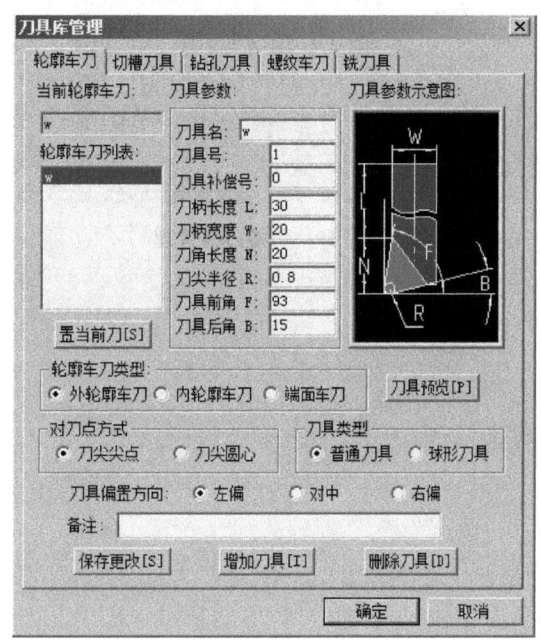

图 7-18　外轮廓车刀管理

（2）切槽刀和 60°螺纹刀的设置

用同样方法，设置切槽刀和 60°螺纹刀，设置结果如图 7-19 和图 7-20 所示。

7.2.4　外圆粗加工刀具轨迹生成与仿真

主要包括生成刀具轨迹和仿真加工，可直观验证程序是否正确。具体操作如下。

（1）绘制毛坯轮廓

CAXA 数控车中，在进行外轮廓粗加工之前要对被加工件进行毛坯设置，毛坯直径已知，为 Φ50，画出零件毛坯轮廓（零件轮廓毛坯一半为 25），如图 7-21 所示。

（2）生成外轮廓粗车加工轨迹

① 设置加工精度　点击主菜单中的"数控车"→"轮廓粗车"或者在数控车工具栏中选择"轮廓粗车"按钮 ，弹出"粗车参数表"对话框，如图 7-22 所示，对"加工精度"选项卡进行设置。

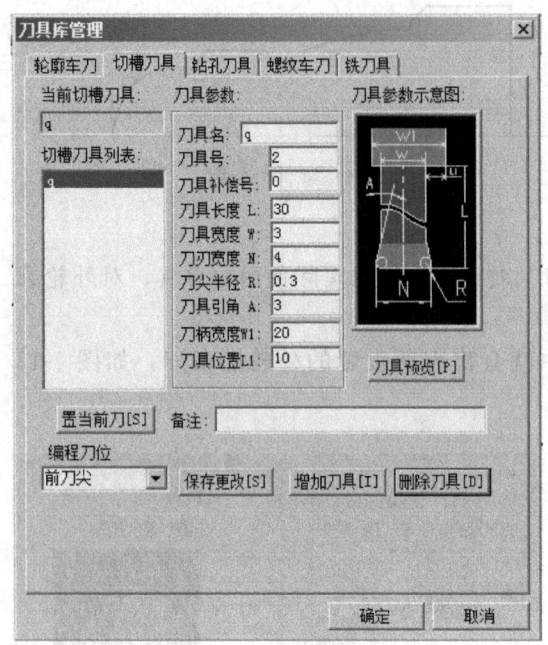

图 7-19　切槽刀具管理

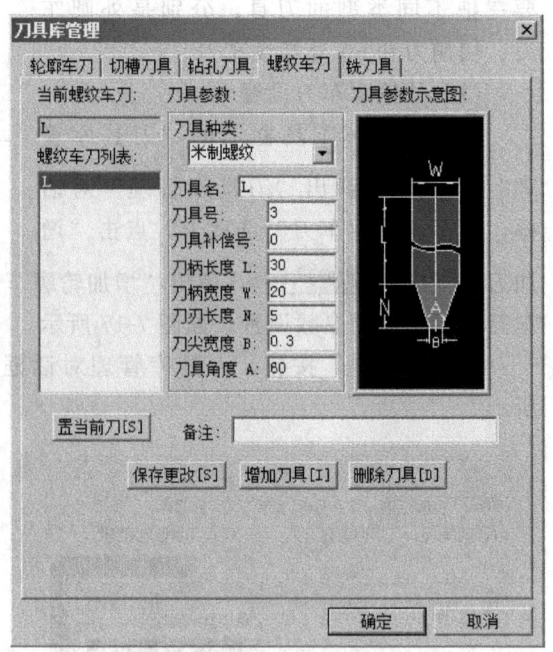

图 7-20　螺纹车刀管理

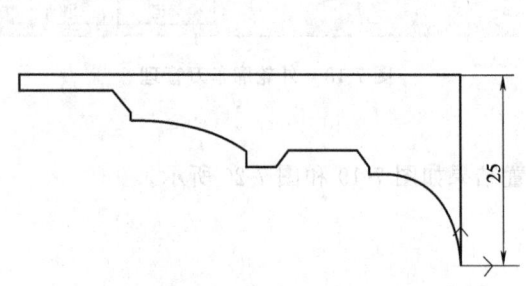

图 7-21　零件毛坯轮廓

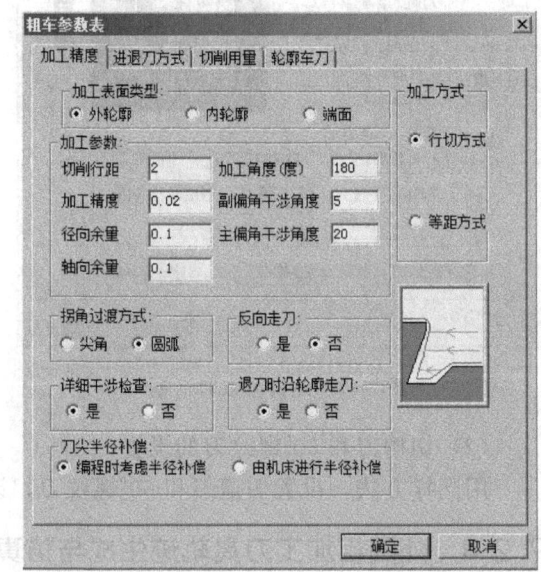

图 7-22　CAXA 粗车参数表对话框

a. 加工表面类型

外轮廓：采用外轮廓车刀，缺省加工方向角度为 $180°$（与软件 X 轴正方向为 0，车床 Z 轴正方向为 0）。

内轮廓：采用内轮廓车刀，缺省加工方向角度为 $180°$（与软件 X 轴正方向为 0，车床 Z 轴正方向为 0）。

端面：采用外端面车刀，缺省加工方向角度为 $-90°$，或 $270°$（与软件 X 轴正方向为 0，车床 Z 轴正方向为 0）。

b. 加工方式　有行切方式、等距方式两种加工方式。行切方式类似于手工编程粗车，符合循环 G71 刀路轨迹；等距方式类似于手工编程粗车，符合循环 G73 刀路轨迹。

c. 加工参数

切削行距：定义背吃刀量，相邻两条加工轨迹之间的距离。

加工角度：刀具进给方向与 Z 轴角度。

加工精度：对于直线和圆弧，机床可以精确地加工，机床将按给定的加工精度把样条转化成直线段处理。

径向余量：加工结束后，零件径向尺寸与最终加工结果相比的剩余量。

轴向余量：加工结束后，零件轴向尺寸与最终加工结果相比的剩余量。

副偏角干涉角度：做副偏角干涉检查时，确定干涉检查的角度。

主偏角干涉角度：做主偏角干涉检查时，确定干涉检查的角度。

d. 拐角过渡方式

尖角：在切削过程中遇到拐角时刀具从轮廓的一边到另一边的过程中，以尖角方式过渡。

圆角：在切削过程中遇到拐角时刀具从轮廓的一边到另一边的过程中，以圆弧方式过渡。

e. 反向走刀

是：刀具按缺省方向相反的方向走刀。

否：刀具按缺省方向走刀，即刀具从机床 Z 轴正向向 Z 轴负向移动。

f. 详细干涉检查

是：加工凹槽时，用定义的干涉角度检查加工中是否有刀具前角及底切干涉，并按定义的干涉角度生成无干涉的切削轨迹。

否：假定刀具前后干涉角均为 0°，对凹槽部分不做加工。

g. 退刀时沿轮廓走刀

是：两刀位行之间如果有一段轮廓，在后一刀位行之前、之后增加对行之间轮廓的加工。

否：刀位行首末直接进退刀，不加工行与行之间的轮廓。

h. 刀尖半径补偿

编程时考虑半径补偿：所生成代码即为已考虑半径补偿的代码，无需机床再进行刀尖半径补偿。

由机床进行半径补偿：在生成加工轨迹时，假设刀尖半径为 0，按轮廓编程，不进行刀尖半径计算。所生成代码在用于实际加工时应根据实际刀尖半径由机床指定补偿值。

② 设置进退刀方式　选择"进退刀方式"选项卡，设置进退刀方式，如图 7-23 所示。

a. 进刀方式

与加工表面成定角：指在每一切削行前加一段与轨迹切削方向夹角成一定角度的进刀段，刀具垂直进刀到该进刀段的起点，再沿该进刀段进刀至切削行。角度定义该进刀段与轨迹切削方向的夹角，长度定义该进刀段的长度。

垂直：指刀具直接进刀到每一切削行的起始点。

矢量：指在每一切削行前加入一段与系统 X 轴（机床 Z 轴）正方向成一定夹角的进刀段。

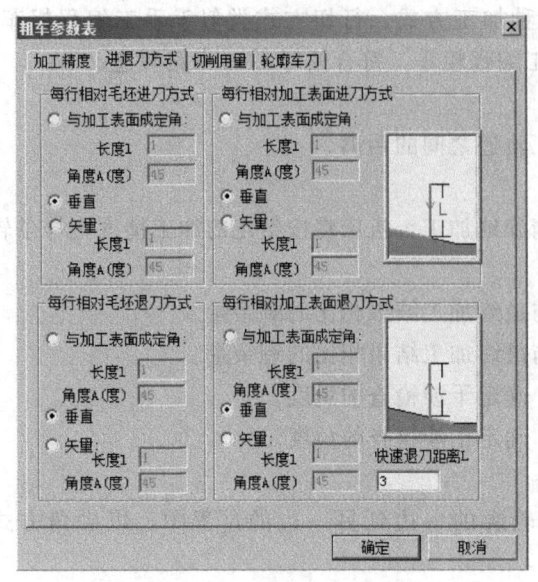

图 7-23 CAXA 进退刀方式选项卡

b. 退刀方式

与加工表面成定角：指在每一切削行后加一段与轨迹切削方向夹角成一定角度的退刀段，刀具先沿该退刀段退刀，再从该退刀段的末点开始垂直退刀。角度定义该退刀段与轨迹切削方向的夹角，长度定义该退刀段的长度。

垂直：指刀具直接退刀到每一切削行的终止点。

矢量：指在每一切削行后加入一段与系统 X 轴（机床 Z 轴）正方向成一定夹角的退刀段。

③ 设置切削用量 选择"切削用量"选项卡，设置切削用量，如图 7-24 所示。

a. 速度设定 根据加工的实际情况选择进退刀是否快速走刀；进刀量可以选择毫米/分（mm/min）、毫米/转（mm/rev）。

b. 主轴转速 机床主轴旋转的速度。

c. 样条拟合方式

直线：对加工轮廓中的样条线根据给定的加工精度用直线段进行拟合。

圆弧：对加工轮廓中的样条线根据给定的加工精度用圆弧段进行拟合。

④ 设置轮廓车刀 选择"轮廓车刀"选项卡，选择所使用的刀具，如图 7-25 所示。

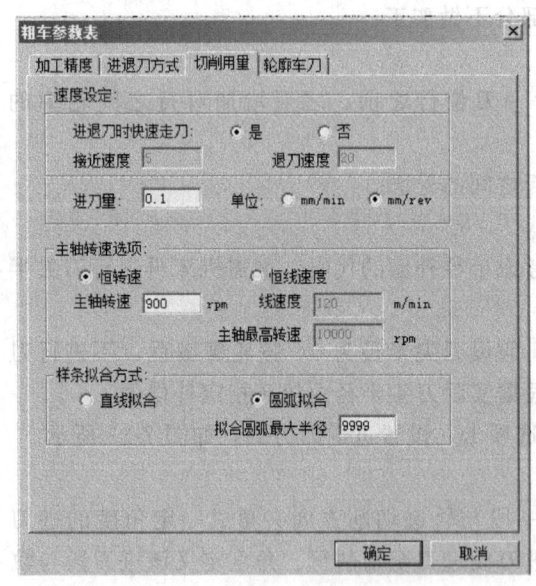

图 7-24 CAXA 切削用量选项卡

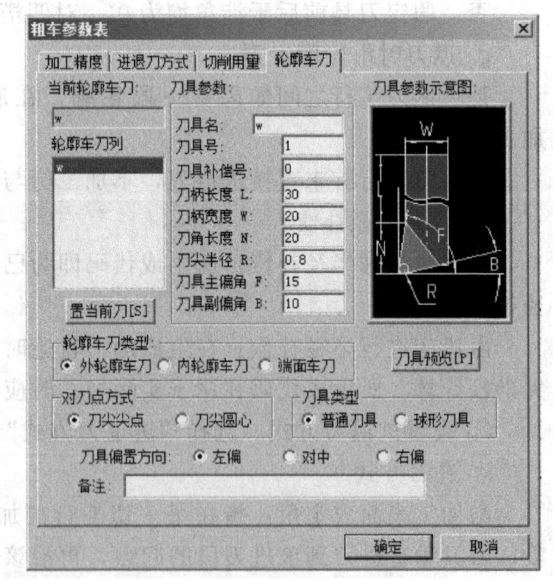

图 7-25 CAXA 轮廓车刀选项卡

单击"确定"按钮，此时，状态栏提示"拾取被加工工件表面轮廓"，选择"单个拾取"，拾取最右端轮廓线，如图 7-26 所示，选择拾取方向，将轮廓线全部拾取，如图 7-27

所示。

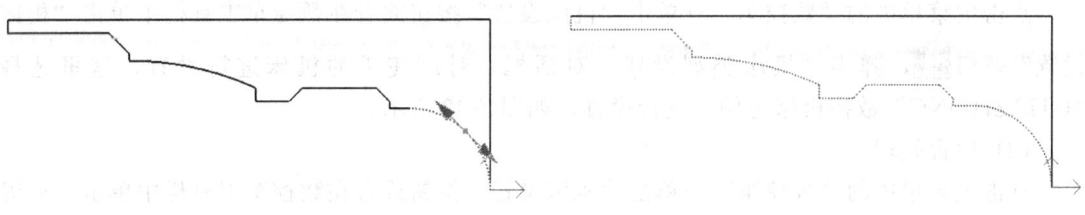

图 7-26　选择拾取轮廓方向　　　　　　　　图 7-27　拾取轮廓线

　　轮廓线拾取完毕，单击鼠标右键，此时状态栏提示"拾取毛坯轮廓"，拾取方式与上一步相同，如图 7-28 所示，拾取完毛坯后，单击鼠标右键，状态栏提示"输入进退刀点"，选择加工进退刀点（可以鼠标直接拾取，也可以输入值），生成刀路轨迹，如图 7-29 所示。

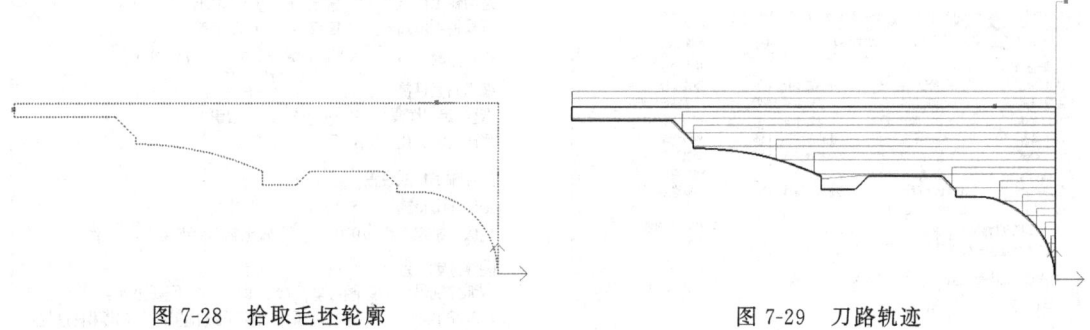

图 7-28　拾取毛坯轮廓　　　　　　　　图 7-29　刀路轨迹

　　（3）外轮廓粗车仿真加工

　　单击数控车工具栏中的"轨迹仿真"按钮 ，选择"二维实体"方式进行仿真，如图 7-30所示，状态栏提示"拾取刀具轨迹"，拾取生成的刀具轨迹后，单击鼠标右键，进行轨迹仿真，如图 7-31 所示。

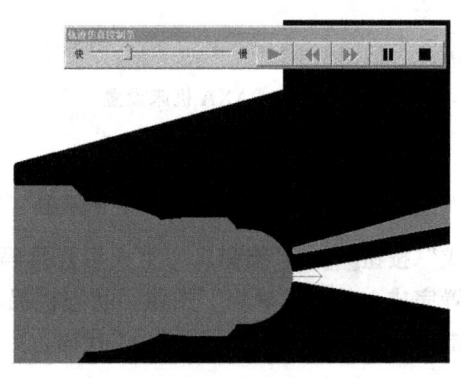

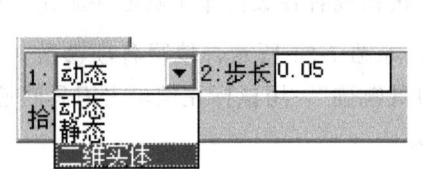

图 7-30　轨迹仿真方式选择　　　　　　　　图 7-31　简单轴加工轨迹仿真

7.2.5　外圆粗加工 G 代码的生成

　　自动生成数控代码之前，要进行机床设置与后置处理。通过机床设置和后置设置，可以将所使用的数控车床与 CAXA 数控车软件进行匹配，将软件生成的刀具轨迹和 G 代码符合当前机床的要求。

（1）机床设置

点击主菜单中的"数控车"→单击"机床设置"按钮或者在数控车工具栏中单击"机床设置"按钮 ![icon]，弹出"机床类型设置"对话框，对所使用的机床进行设置，这里选择"HUAZHONG"数控机床为例，进行设置，如图 7-32 所示。

（2）后置处理

点击主菜单中的"数控车"→单击"机床设置"按钮或者在数控车工具栏中单击"后置设置"按钮 ![icon]，系统弹出"后置处理设置"对话框，如图 7-33 所示，填写各项参数。

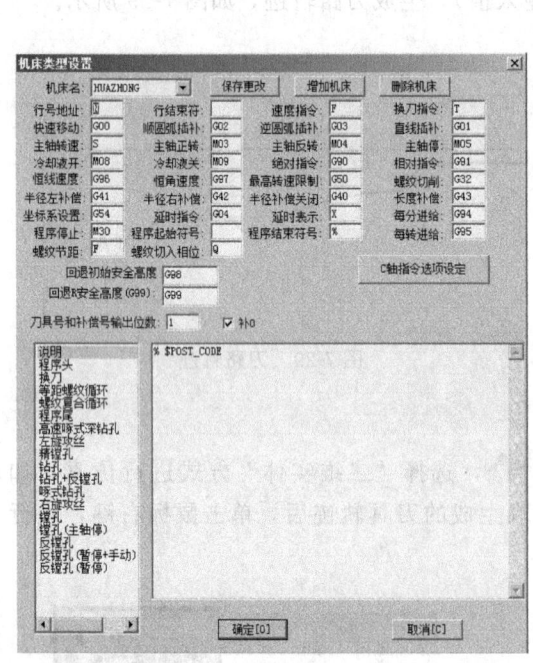

图 7-32　CAXA 机床设置

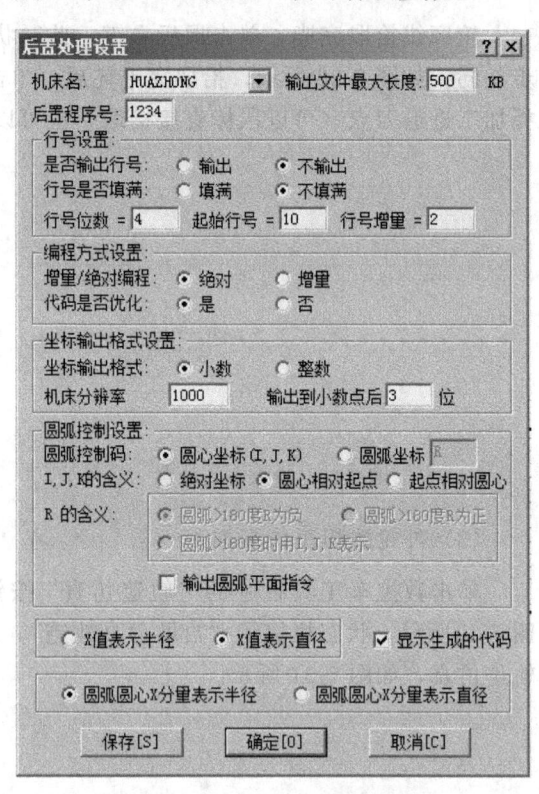

图 7-33　CAXA 后置处理设置

（3）生成 G 代码

点击主菜单中的"数控车"→单击"代码生成"按钮或者在数控车工具栏中单击"代码生成"按钮 ![icon]，系统弹出"生成后置代码"对话框，如图 7-34 所示，填写各项参数，参数设置完成，单击"确定"按钮，状态栏提示"拾取刀具轨迹"，用鼠标左键单击刀具轨迹后，单击鼠标右键确认，生成加工 G 代码，如图 7-35 所示。

7.2.6　外圆精车的自动编程操作过程

粗车之后要完成外圆精加工轨迹、仿真加工并生成外圆精加工 G 代码。

① 点击主菜单中的"数控车"→单击"轨迹管理"按钮或者在数控车工具栏中单击"轨迹管理"按钮 ![icon]，系统弹出"刀具轨迹管理"对话框，如图 7-36 所示，鼠标左键单击"轮廓粗车"选项，单击鼠标右键，将外圆粗加工轨迹隐藏，如图 7-37 所示。

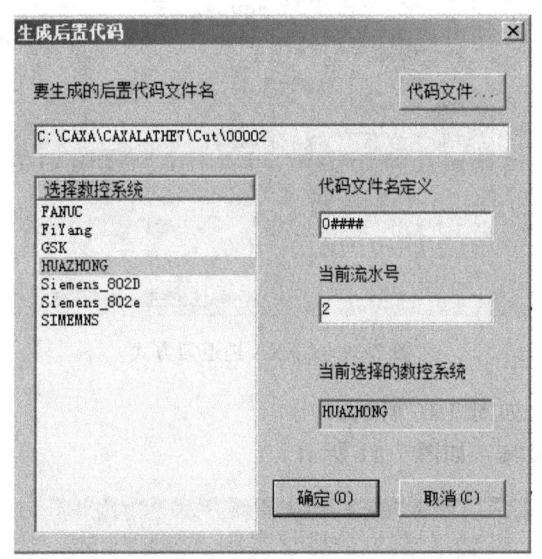

图 7-34　CAXA生成加工 G 代码对话框

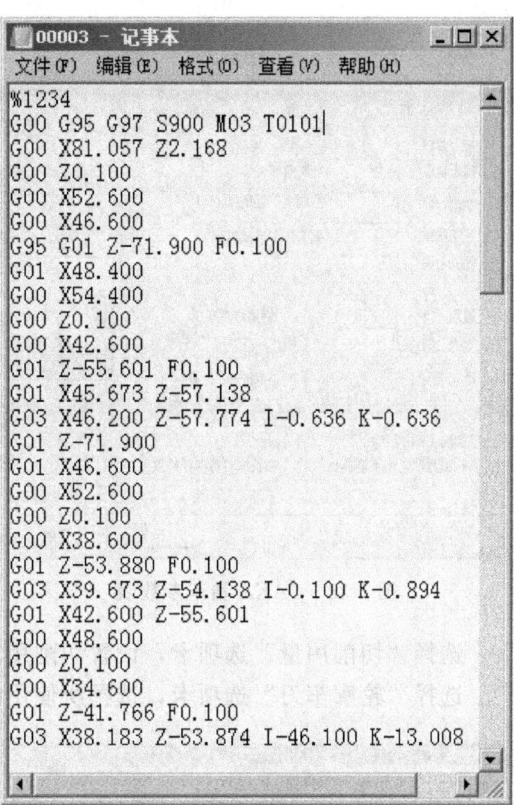

图 7-35　CAXA生成的 G 代码

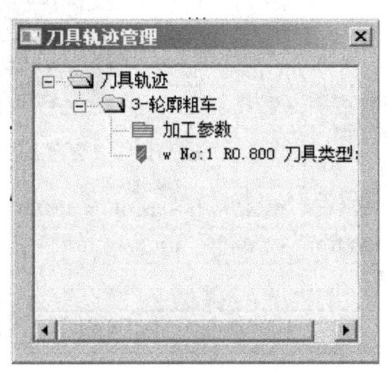

图 7-36　刀具轨迹管理

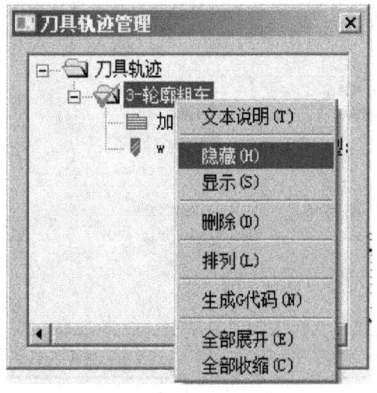

图 7-37　隐藏粗加工轨迹

② 点击主菜单中的"数控车"→"轮廓精车"或者在数控车工具栏中选择"轮廓精车"按钮，弹出"精车参数表"对话框，如图 7-38 所示，对"加工精度"选项卡进行设置。

切削行距：行与行之间的距离。沿加工轮廓走刀一次称为一行。

切削行数：刀具轨迹的加工行数，不包括最后一行的重复次数。

最后一行加工次数：精车时，为提高车削的表面质量，最后一行常常在相同进给量的情况进行多次车削。

选择"进退刀方式"选项卡，设置进退刀方式，如图 7-39 所示。

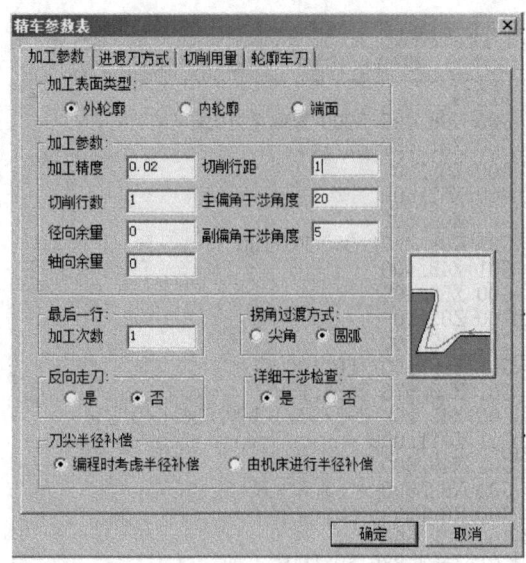

图 7-38　CAXA 精车参数表

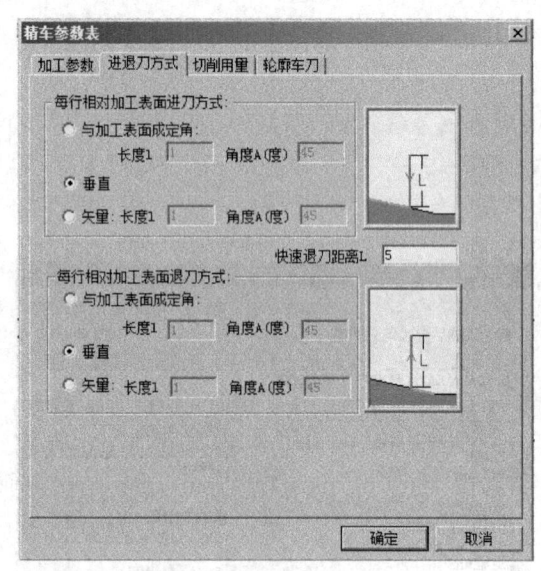

图 7-39　CAXA 进退刀方式

选择"切削用量"选项卡，设置切削用量，如图 7-40 所示。

选择"轮廓车刀"选项卡，选择所使用的刀具，如图 7-41 所示。

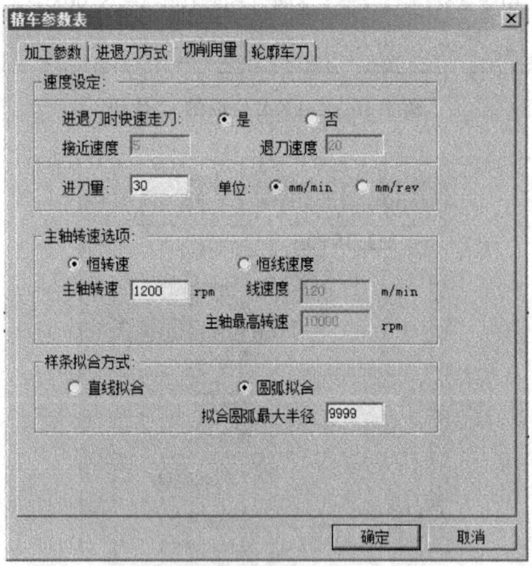

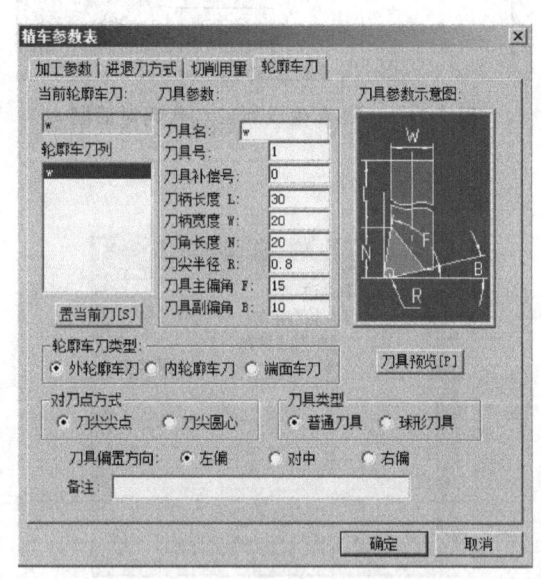

图 7-40　CAXA 精车切削用量

图 7-41　CAXA 精车轮廓车刀设置

③ 单击"确定"按钮，此时，状态栏提示"拾取被加工工件表面轮廓"，选择"单个拾取"，将零件轮廓线全部拾取，如图 7-42 所示；单击鼠标右键确认，状态栏提示"拾取进退刀点"，生成外轮廓精加工刀具轨迹，如图 7-43 所示；进行轨迹仿真，如图 7-44 所示。

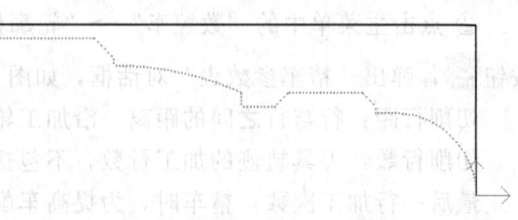

图 7-42　拾取零件轮廓线

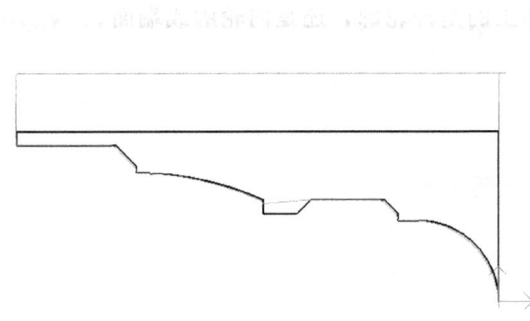

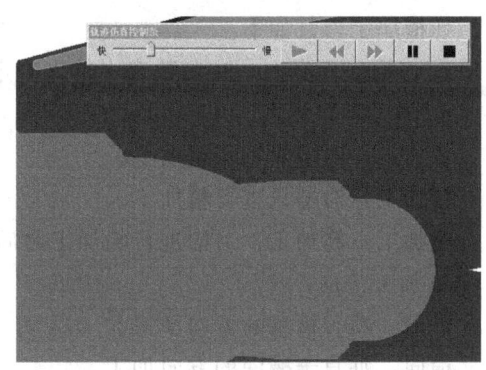

图 7-43 CAXA 拾取进退刀点

图 7-44 轨迹仿真

生成 G 代码（参照外轮廓粗加工 G 代码生成方法），如图 7-45 所示。

7.2.7 切槽的自动编程

切槽属于典型的车削工艺之一。CAXA 切槽自动编程包括轨迹、仿真加工并生成切槽加工 G 代码。具体过程如下。

① 点击主菜单中的"数控车"→单击"轨迹管理"按钮或者在数控车工具栏中单击"轨迹管理"按钮 ，系统弹出"刀具轨迹管理"对话框，将外圆精加工轨迹隐藏。

② 点击主菜单中的"数控车"→"切槽"或者在数控车工具栏中选择"切槽"按钮 ，弹出"切槽参数表"对话框，如图 7-46 所示，对"切槽加工参数"选项卡进行设置。

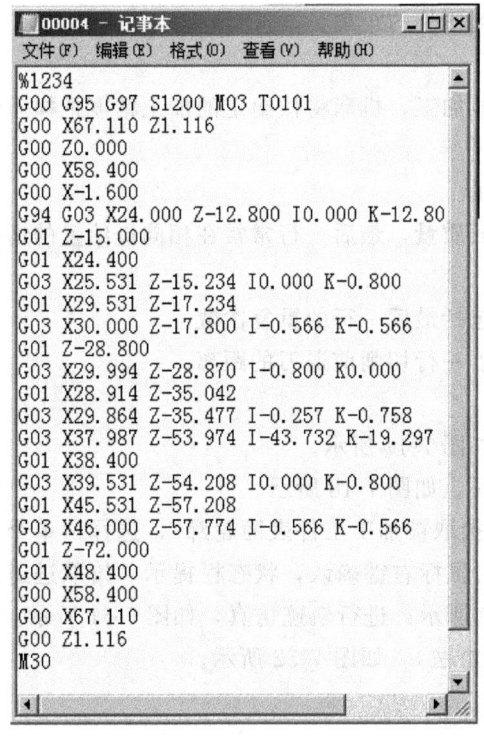

图 7-45 简单轴零件精车 G 代码

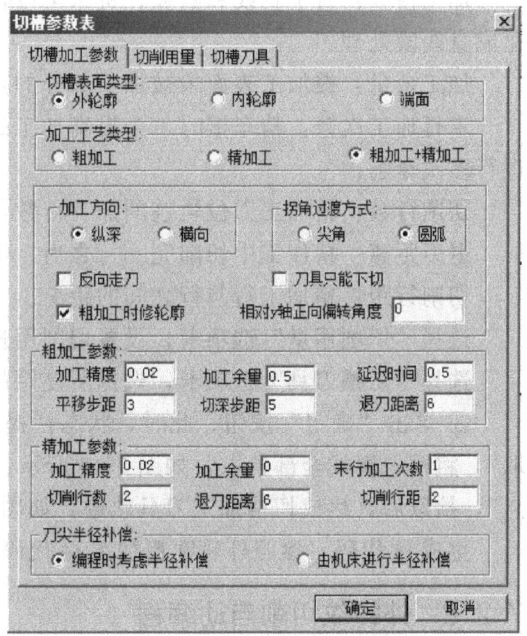

图 7-46 CAXA 切槽加工参数对话框

切槽加工参数如下。

a. 切槽表面类型：在参数表中首先确定被加工的是外轮廓，还是内轮廓或端面。

b. 加工工艺类型。

粗加工：对槽只进行粗加工。

精加工：对槽只进行精加工。

粗加工＋精加工：对槽进行粗加工之后接着做精加工。

c. 加工方向。

纵深：顺着槽深的方向加工。

横向：垂直于槽深的方向加工。

d. 反向走刀：修改切槽平移步距的方向。

e. 粗加工时修轮廓：粗加工时增加对轮廓的修理。

f. 刀具只能下切：不允许刀具横向切削。

g. 相对 y 轴正向偏转角度：刀具偏转的角度。

h. 粗加工参数。

加工精度：对于直线和圆弧，机床可以精确地加工，机床将按给定的加工精度把样条转化成直线段处理。

加工余量：被加工表面未被加工部分的预留量。

延迟时间：粗车槽时，刀具在槽的底部停留的时间。

平移步距：沿槽宽方向，第一刀和第二刀之间的距离。

切深步距：沿槽深方向进刀量。

退刀距离：粗车槽中进行下一行切削前退刀到槽外的距离。

i. 精加工参数。

加工精度：对于直线和圆弧，机床可以精确地加工，机床将按给定的加工精度把样条转化成直线段处理。

加工余量：被加工表面未被加工部分的预留量。

末行加工次数：精车槽时，为提高加工的表面质量，最后一行常常在相同进给量的情况进行多次车削。

切削行数：精加工刀位轨迹的加工行数，不包括最后一行的重复次数。

退刀距离：精加工中切削完一行之后，进行下一行切削前退刀的距离。

切削行距：精加工行与行之间的距离。

选择"切削用量"选项卡，设置切削用量，如图 7-47 所示。

选择"切槽刀具"选项卡，选择所使用的刀具，如图 7-48 所示。

③ 单击"确定"按钮，此时，状态栏提示"拾取被加工工件表面轮廓"，选择"单个拾取"，将槽轮廓线全部拾取，如图 7-49 所示；单击鼠标右键确认，状态栏提示"拾取进退刀点"，拾取后，生成切槽加工刀具轨迹，如图 7-50 所示；进行轨迹仿真，如图 7-51 所示。

生成 G 代码（参照外轮廓粗加工 G 代码生成方法），如图 7-52 所示。

7.2.8 外螺纹切削自动编程

① 点击主菜单中的"数控车"→单击"轨迹管理"按钮或者在数控车工具栏中单击

"轨迹管理"按钮 ，系统弹出"刀具轨迹管理"对话框，将切槽加工轨迹隐藏。

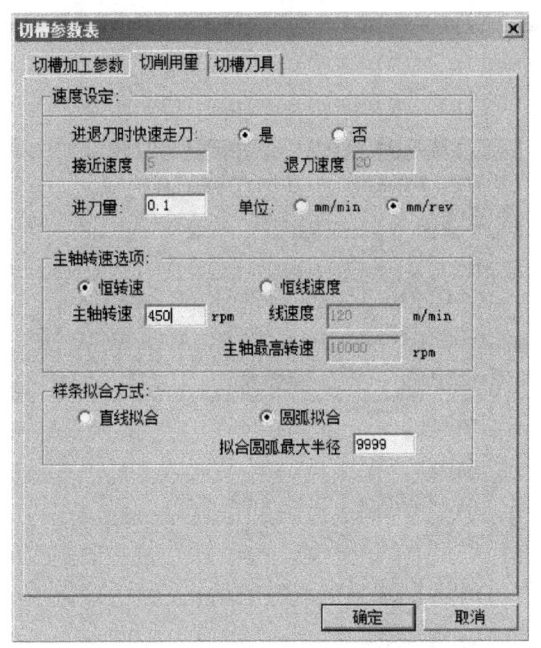

图 7-47　CAXA 切削用量选项卡

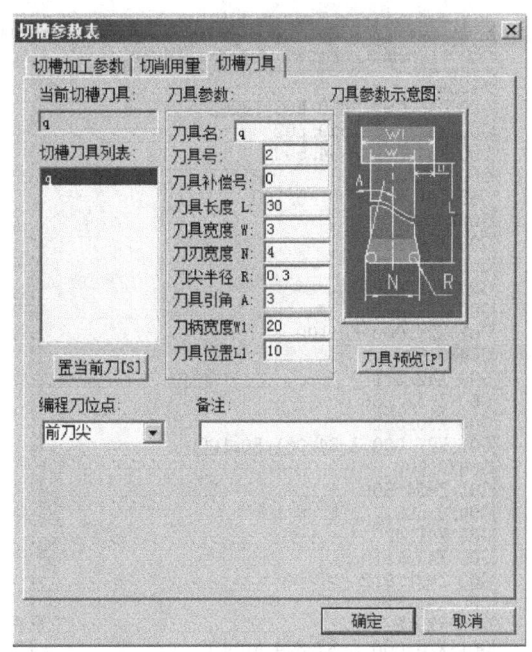

图 7-48　CAXA 切槽刀具选项卡

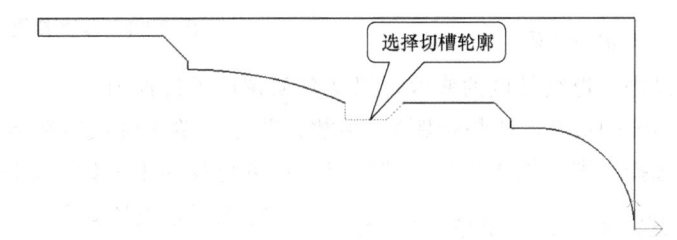

图 7-49　拾取轮廓

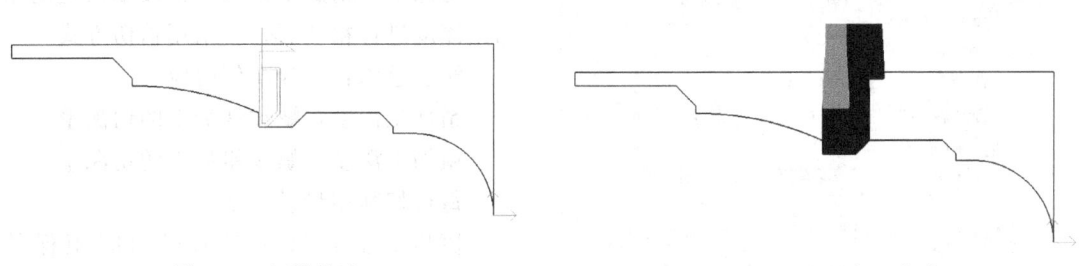

图 7-50　切槽轨迹　　　　　　　　图 7-51　切槽加工仿真

②点击主菜单中的"数控车"→"车螺纹"或者在数控车工具栏中选择"车螺纹"按钮 ，状态栏提示"拾取螺纹起始点"，拾取后，状态栏提示"拾取螺纹终止点"，拾取后，弹出"螺纹参数表"对话框，如图 7-53 所示，对"螺纹参数"选项卡进行设置。

螺纹参数中的起点、终点坐标由图中拾取。

螺纹类型：确定被加工的是外螺纹、内螺纹或者端面螺纹。

```
%1234
G00 G95 G97 S450 M03 T0202
G00 X47.795 Z-29.602
G00 X54.531 Z-34.500
G00 X42.531
G95 G01 X27.000 F0.100
G04X0.500
G00 X54.531
G00 X43.131
G00 X41.400
G00 X29.400
G01 X27.000 F0.100
G04X0.500
G00 X42.531
G00 Z-32.266
G00 X30.531
G01 X27.000 Z-34.031 F0.100
G04X0.500
G01 Z-34.500
G04X0.500
G00 X41.400
G00 X43.131
G00 Z-31.912
G00 X41.824
G00 X29.824
G01 X26.000 Z-33.824 F0.100
G01 Z-35.000
```

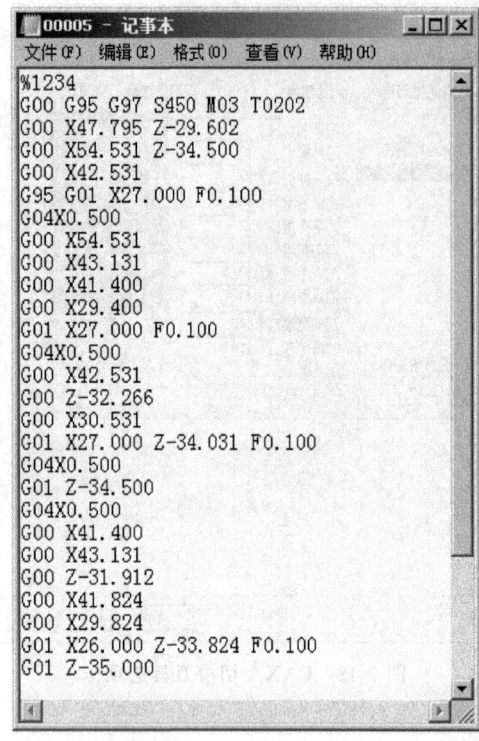

图 7-52 切槽 G 代码

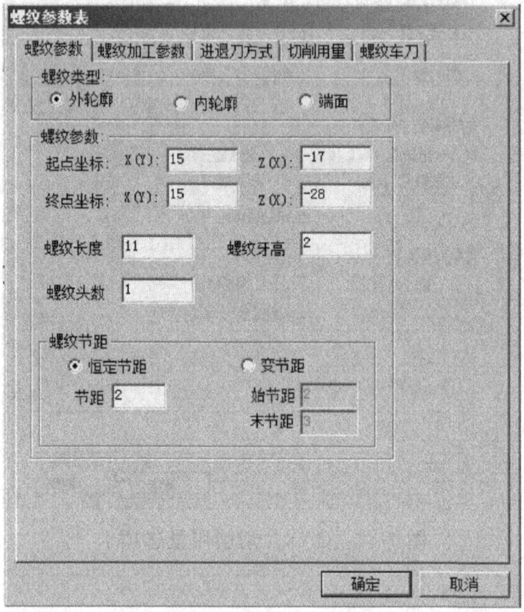

图 7-53 螺纹参数选项卡

螺纹长度：可以进行螺纹长度的修改，以达到从螺纹外进退刀。

螺纹牙高（$H=0.6495P$，P 是螺距）、头数、节距（单头螺纹节距＝螺距）均根据螺纹具体尺寸给出。选择“螺纹加工参数”选项卡，设置螺纹加工参数，如图 7-54 所示。

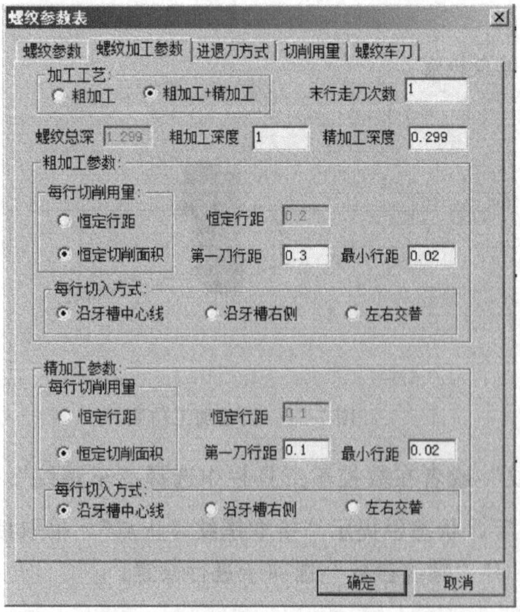

图 7-54 螺纹加工参数选项卡

加工工艺设置如下。

粗加工：指直接采用粗切方式加工螺纹。

粗加工＋精加工方式：指根据指定的粗加工深度进行粗切后，再采用精切方式。

螺纹总深：与牙高值对应。

精加工深度：螺纹精加工的切深量。

粗加工深度：螺纹粗加工的切深量。

每行切削用量设置如下。

恒定行距：每一切削行的间距保持恒定。

恒定切削面积：为保证每次切削的切削面积恒定，各次切削将逐步减少，直至等于最少行距。用户需指定第一刀行距及最小行距。

每行切入方式：指刀具在螺纹始端切入

时的切入方式，刀具在螺纹末端的退出方式与切入方式相同。

选择"进退刀方式"选项卡，设置进退刀方式，如图 7-55 所示。

选择"切削用量"选项卡，根据被加工零件特点，设定合适的切削用量，如图 7-56 所示。

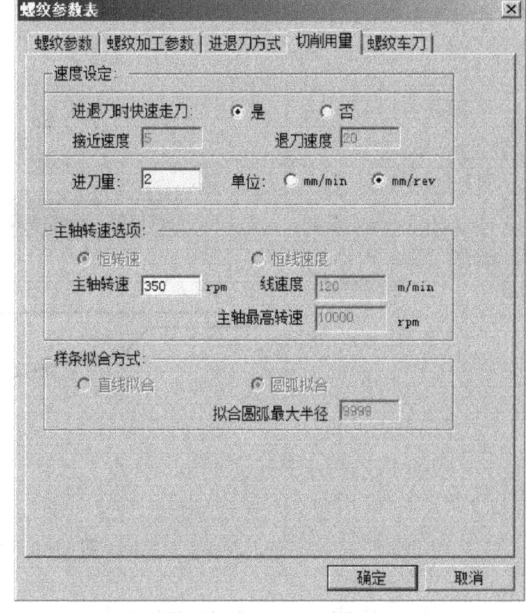

图 7-55　进退刀方式选项卡　　　　　　　图 7-56　切削用量选项卡

选择"螺纹车刀"选项卡，选择所使用的刀具，如图 7-57 所示。

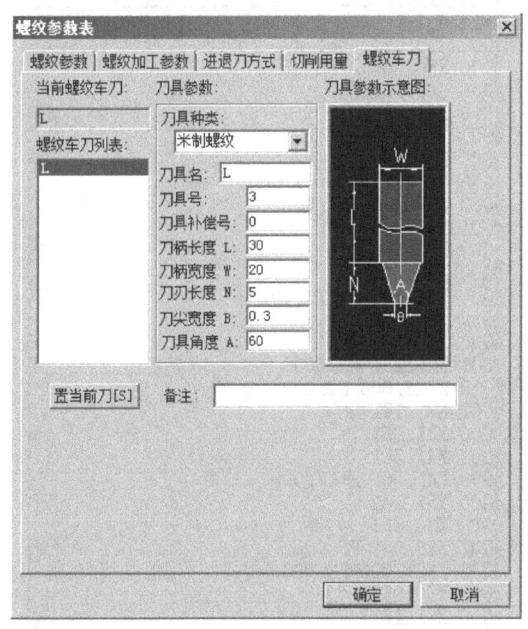

图 7-57　螺纹车刀选项卡

③ 单击"确定"按钮，此时，状态栏提示"拾取进退刀点"，拾取后，生成螺纹加工刀

具轨迹，如图 7-58 所示；进行轨迹仿真，如图 7-59 所示。

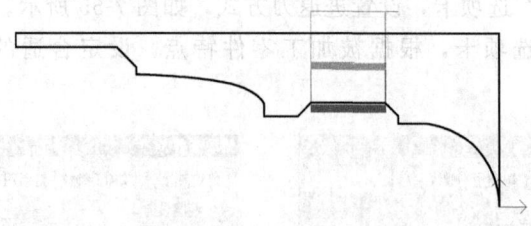

图 7-58 螺纹轨迹生成

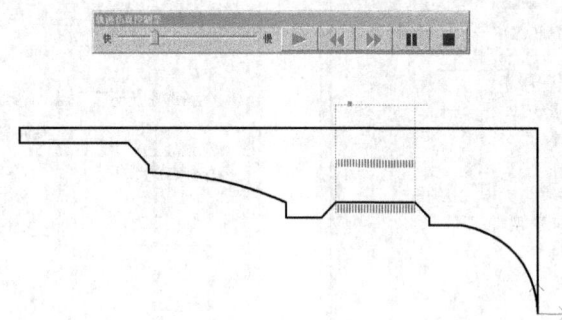

图 7-59 螺纹加工仿真

生成 G 代码（参照外轮廓粗加工 G 代码生成方法），如图 7-60 所示。

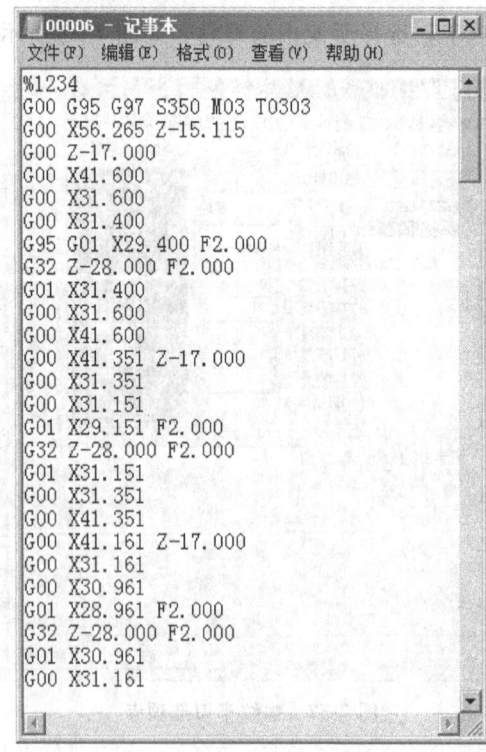

图 7-60 螺纹加工 G 代码

知识巩固与技能演练

完成图 7-61 所示零件的自动编程与仿真加工。

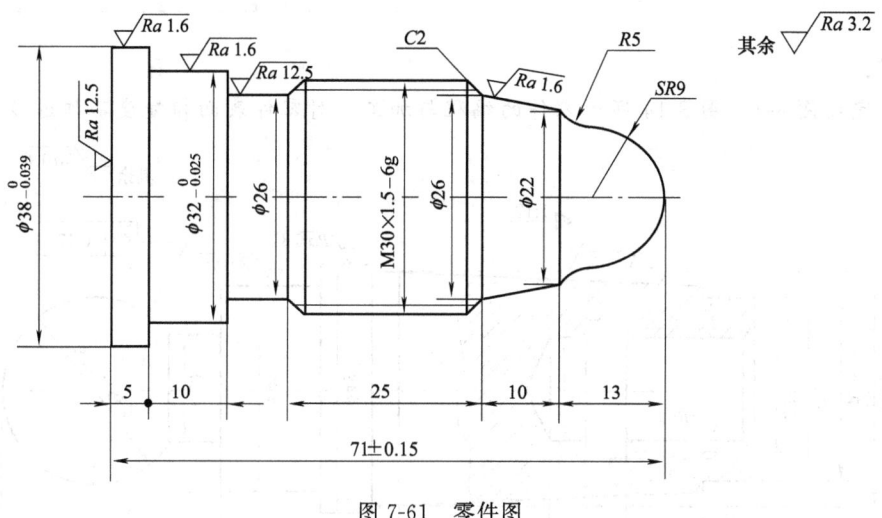

图 7-61　零件图

模块8
数控车工职业技能强化集训

学习要求:

独立完成图 8-1~图 8-14 所示零件的编程与加工,对零件表面粗糙度不作过多要求。

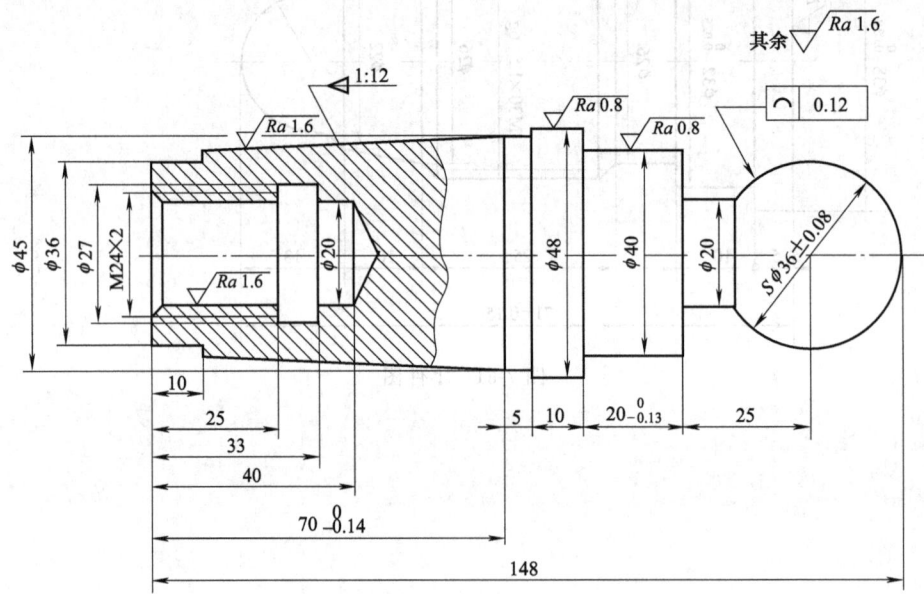

图 8-1 零件(一)

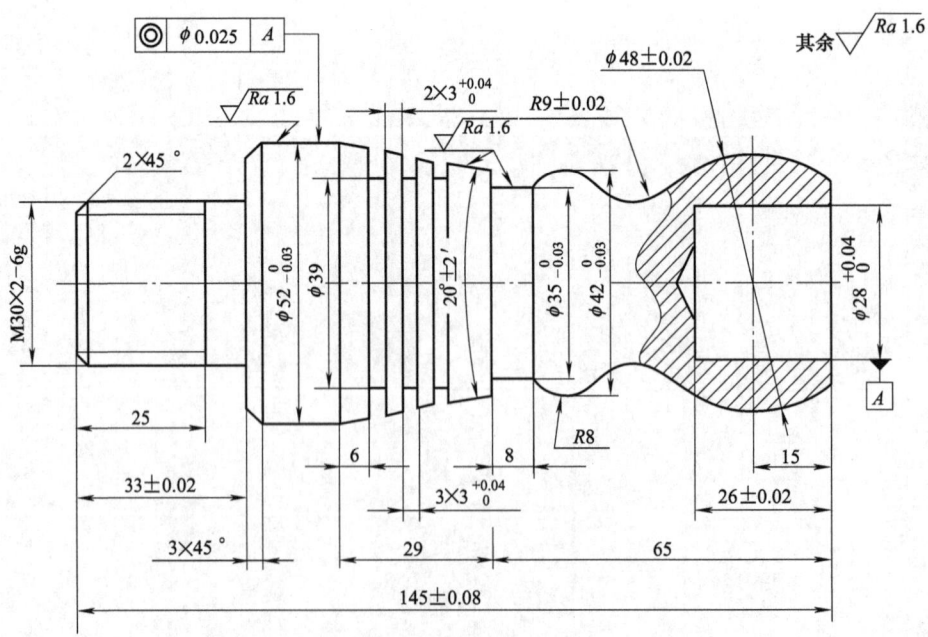

图 8-2 零件(二)

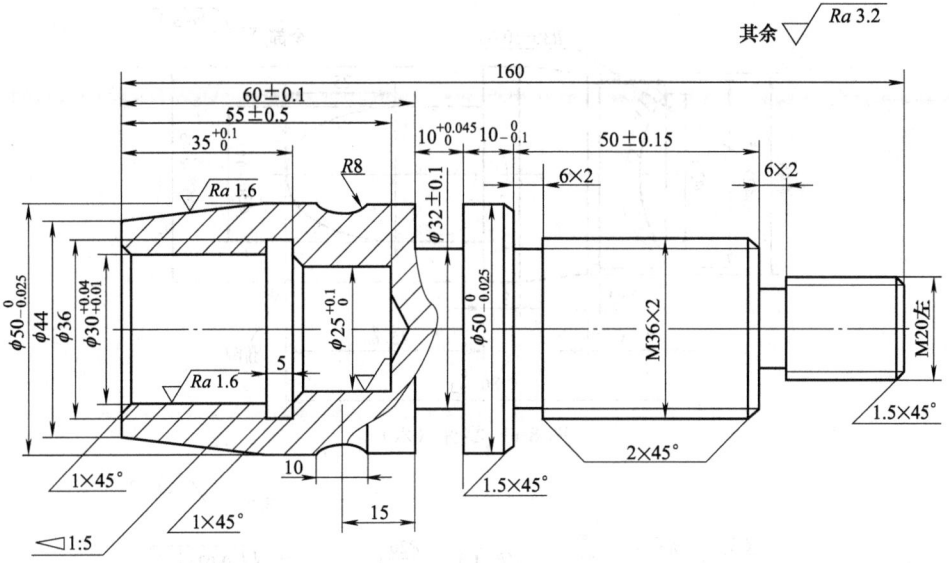

图 8-3 零件（三）

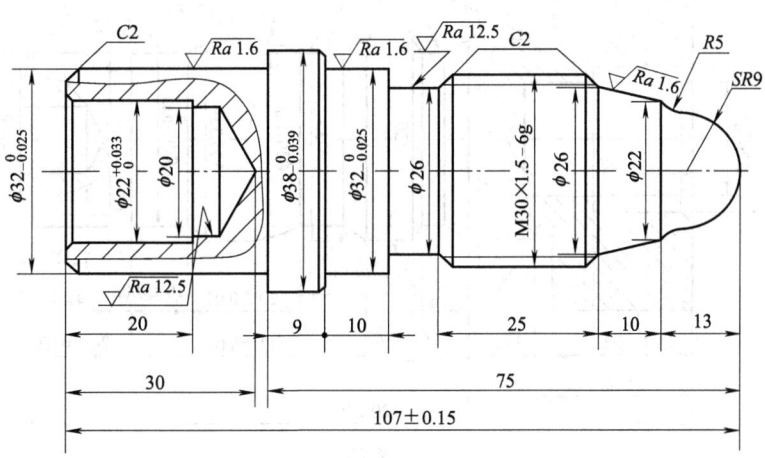

图 8-4 零件（四）

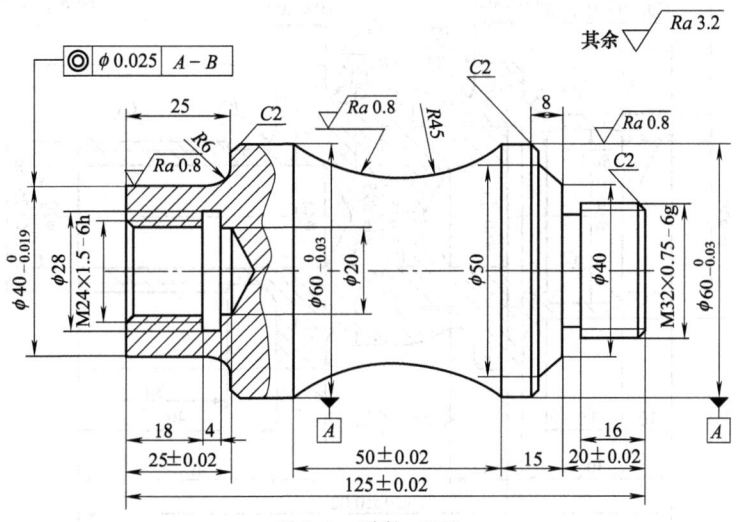

图 8-5 零件（五）

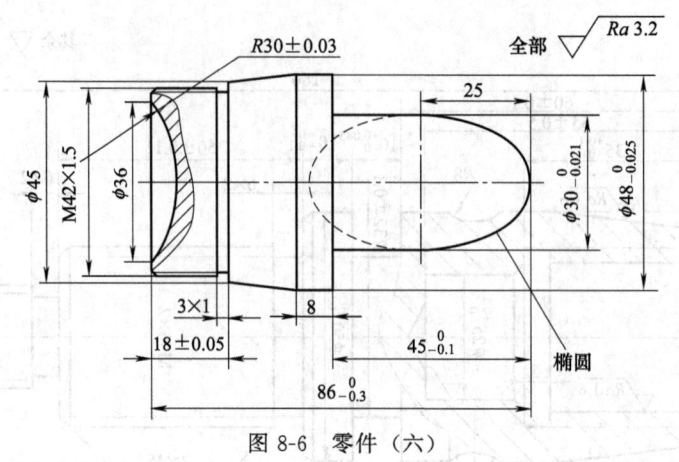

图 8-6　零件（六）

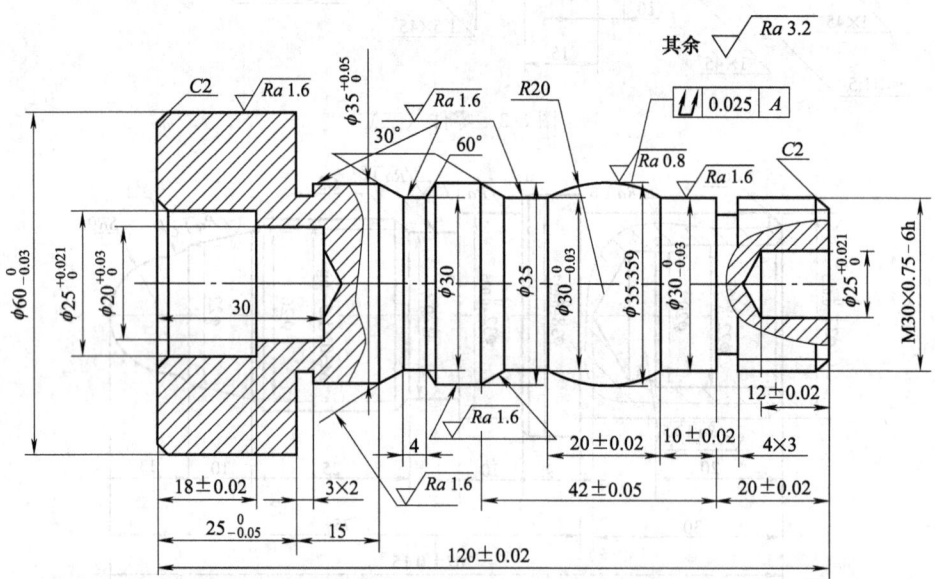

图 8-7　零件（七）

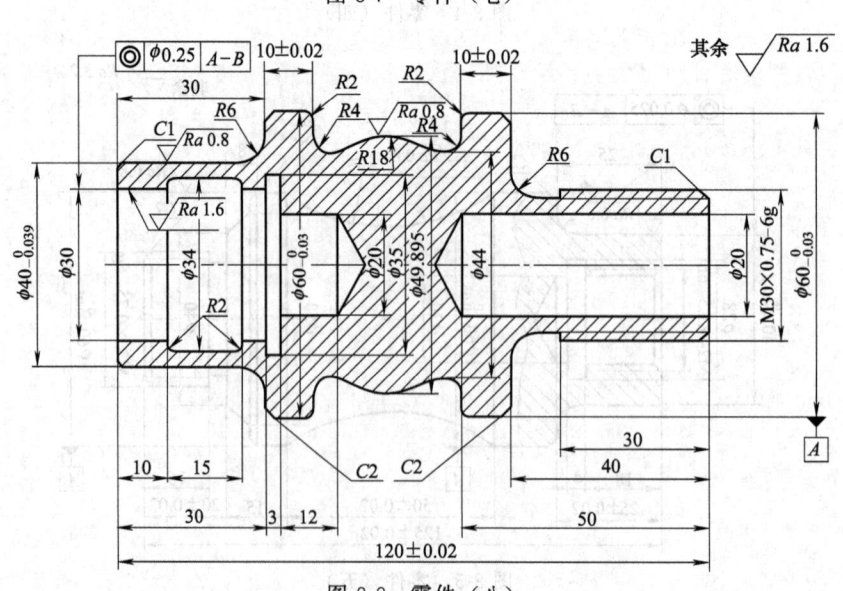

图 8-8　零件（八）

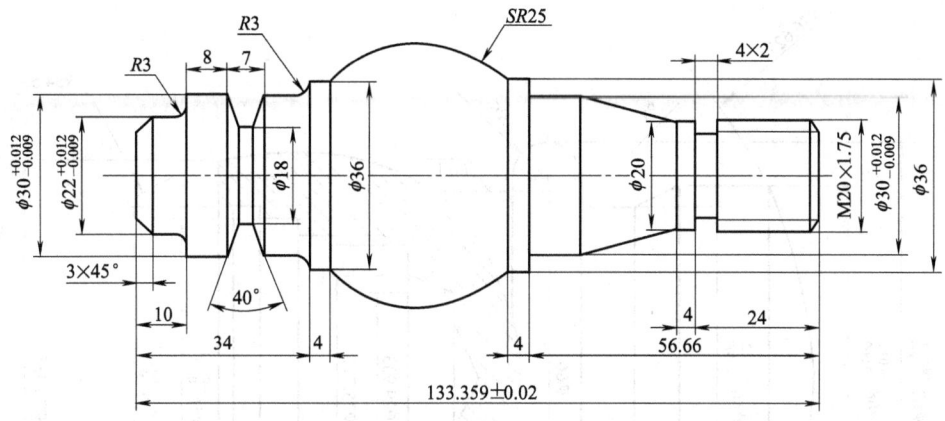

图 8-9　零件（九）

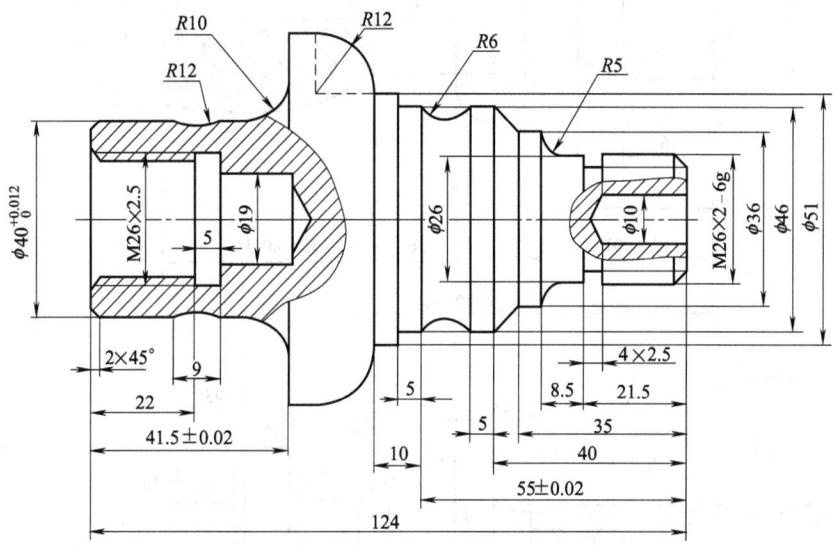

图 8-10　零件（十）

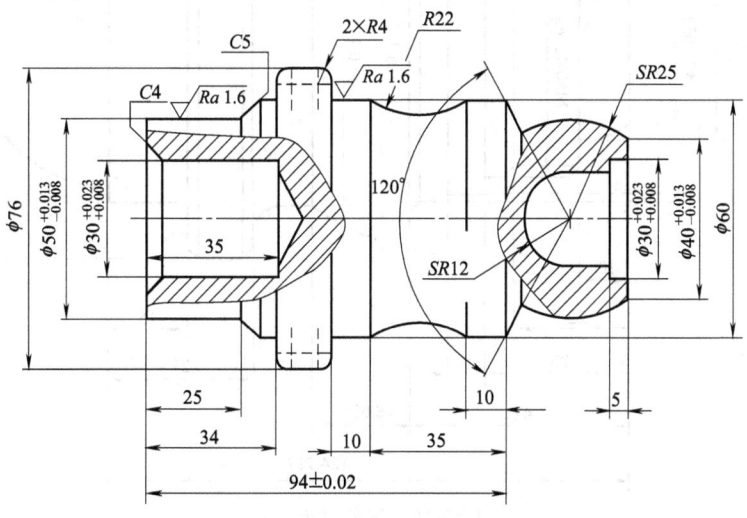

图 8-11　零件（十一）

124 数控车床编程与操作

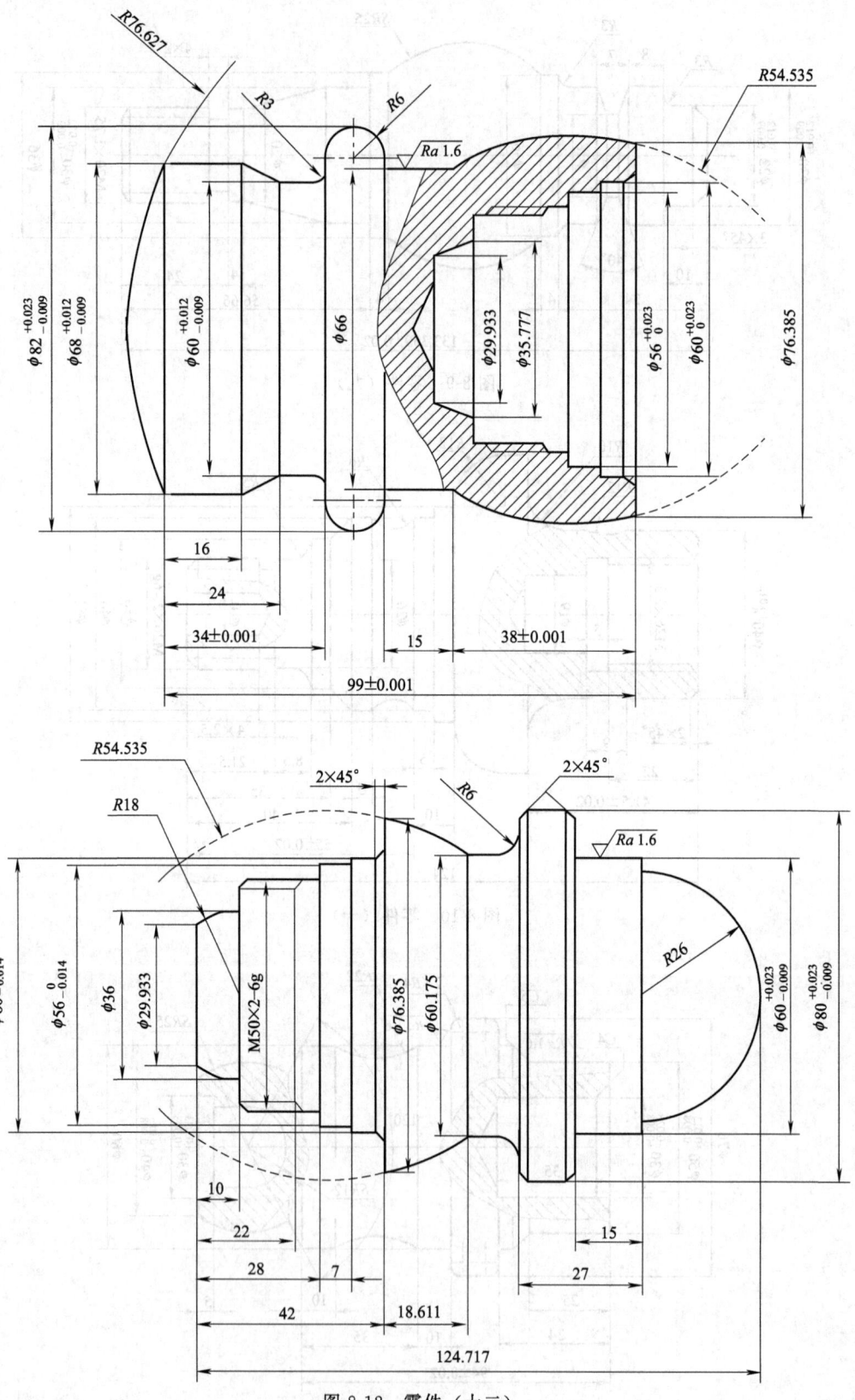

图 8-12 零件（十二）

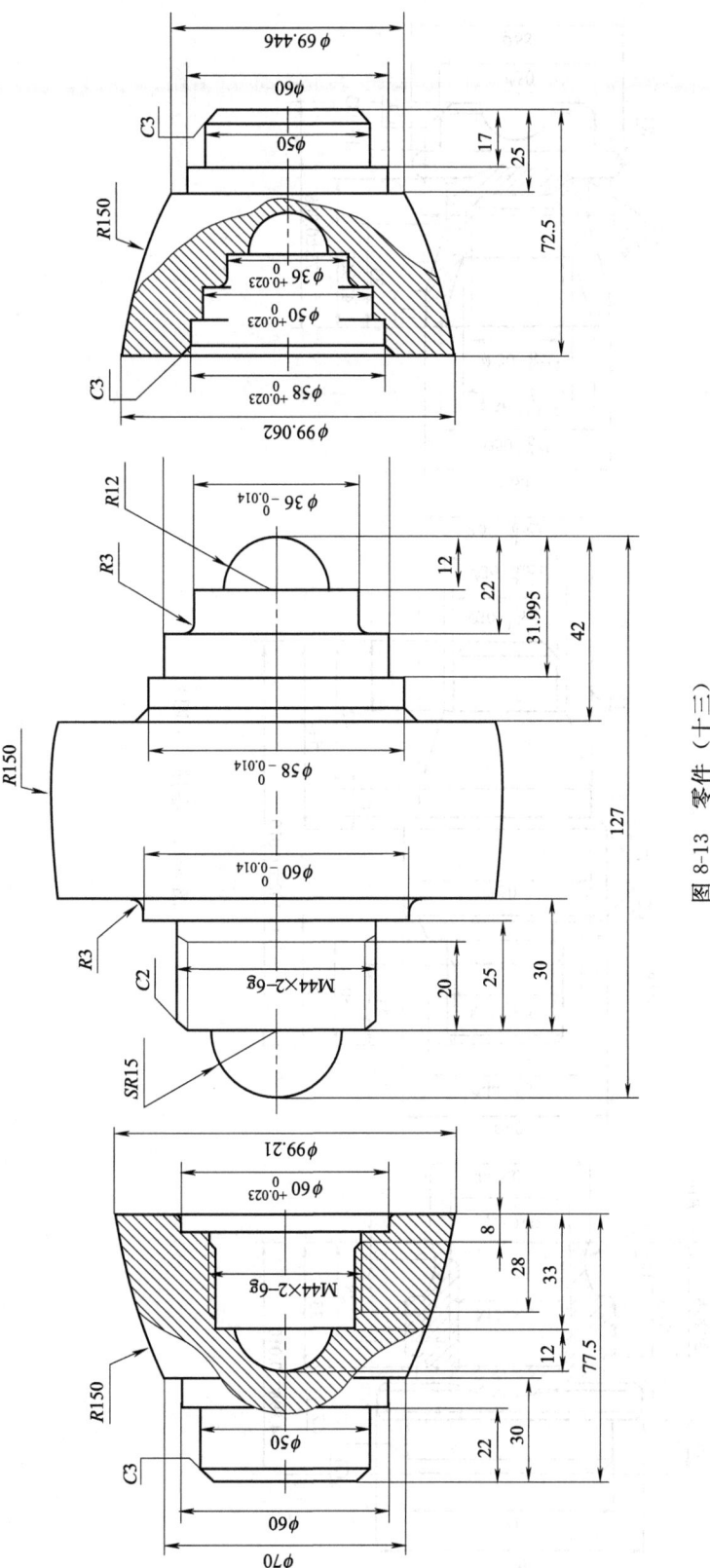

图 8-13 零件（十三）

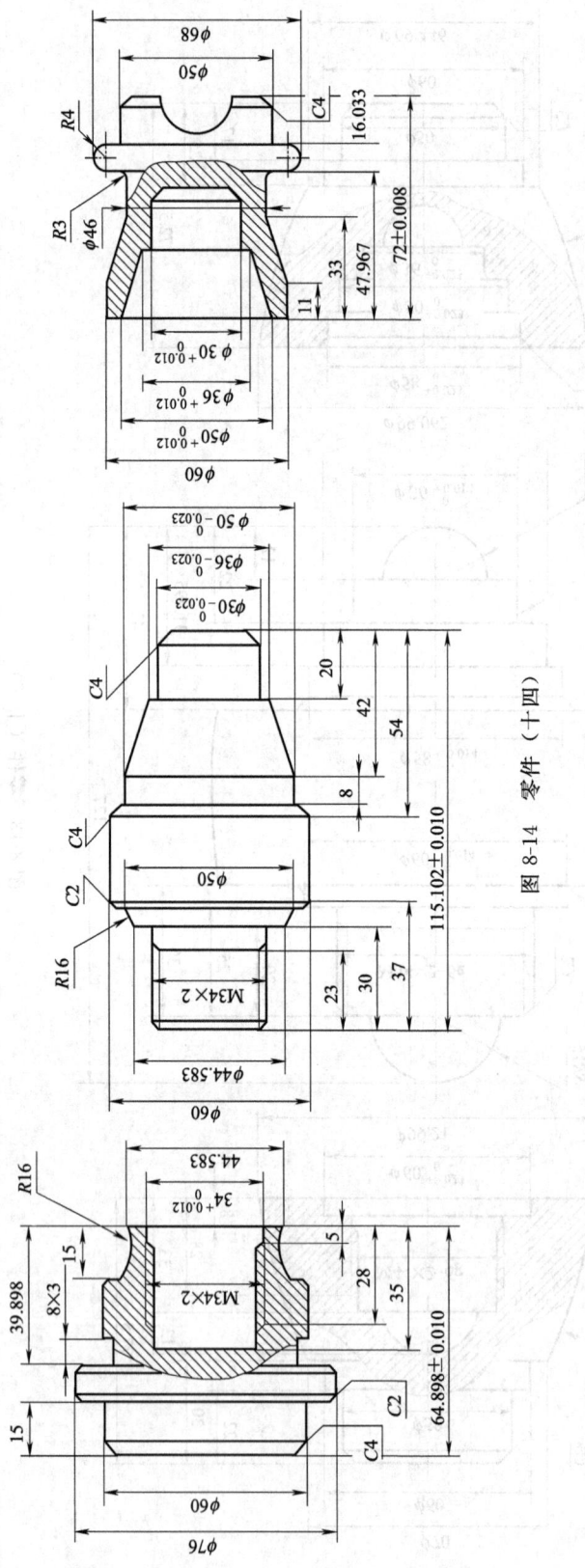

图 8-14　零件（十四）

模块9

数控车工技能鉴定样题综合训练

学习要求:

独立完成数控车工技能鉴定精选题目的演练,要求各项检验均达标。

9.1 中级工鉴定样题精选

9.1.1 实训一

(1)实训目的

① 能根据零件图正确编制加工程序,提高编程能力。

② 能合理安排加工路线并正确选择切削用量。

③ 熟练掌握一般轴类零件加工所用刀具的选择方法。

④ 能正确完成二次装夹零件的加工,并保证零件的尺寸精度。

(2)实训任务

选择合适的毛坯,完成图 9-1 所示零件的编程与加工。

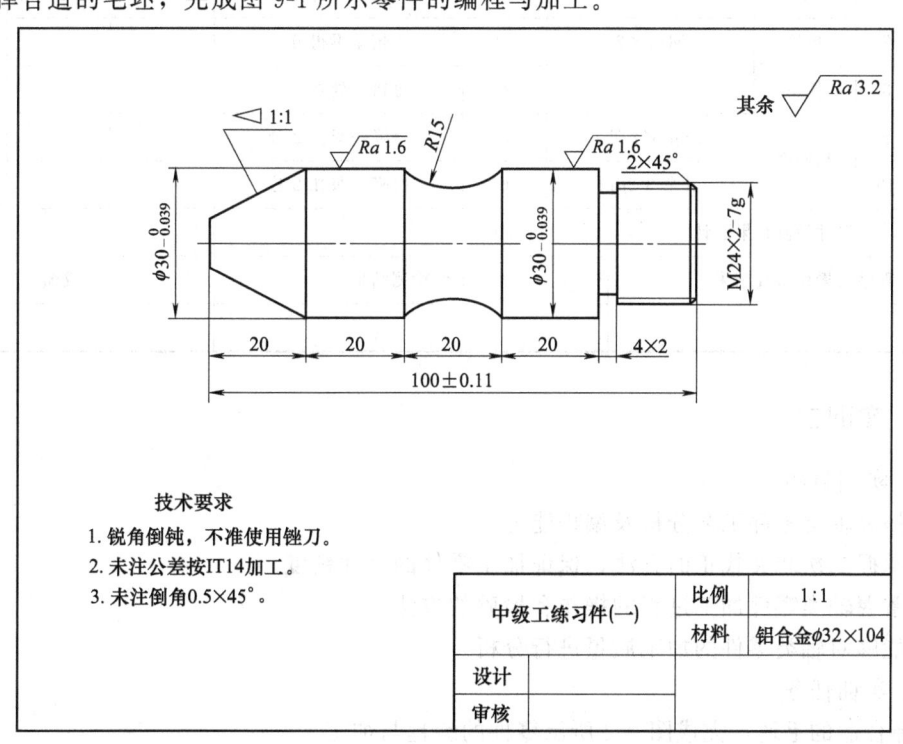

图 9-1 中级工练习件（一）

（3）评分标准（见表 9-1）

表 9-1　评分表（一）

班级			姓名		学号		日期	
实训课题					零件图号			
程序与操作	编程	序号	检查项目		配分	学生自评分		教师评分
		1	加工工艺制订正确		5			
		2	切削用量选用合理		5			
		3	程序正确且规范		15			
	操作	4	设备的正确操作与维护保养		2			
		5	安全、文明生产		3			
程序与操作检查结果总计					30			

	序号	项目	图样尺寸/mm	配分	评分标准	实际尺寸		分数
						学生自测	教师检测	
工件检测	1	外圆	$\phi 30^{\ 0}_{-0.039}$（2 处）	16	超差 0.01 扣 2 分			
	2	长度	100 ± 0.11	6	超差 0.01 扣 2 分			
	3		20（3 处）	6	超差不得分			
	4	圆弧	R15	4	超差不得分			
	5	锥度	◁1 : 1	4	超差不得分			
	6	槽	4×2	4	超差不得分			
	7	螺纹	$M24\times2$	12	超差不得分			
	8	倒角		4	每错一处扣 2 分			
	9	粗糙度	$1.6\mu m$（2 处）	8	每降一级扣 2 分			
	10		其余 $3.2\mu m$	6	每降一级扣 2 分			
尺寸检测结果总计				70				
程序与操作检查结果				工件检测结果			成绩	

9.1.2　实训二

（1）实训目的

① 提高轴类零件工艺分析及编程能力。

② 掌握二次装夹找正的方法，保证加工零件的尺寸精度。

③ 掌握轴类零件加工过程的操作和检验的方法。

④ 能够对轴类零件的加工质量进行分析。

（2）实训任务

选择合适的毛坯，完成图 9-2 所示零件的编程与加工。

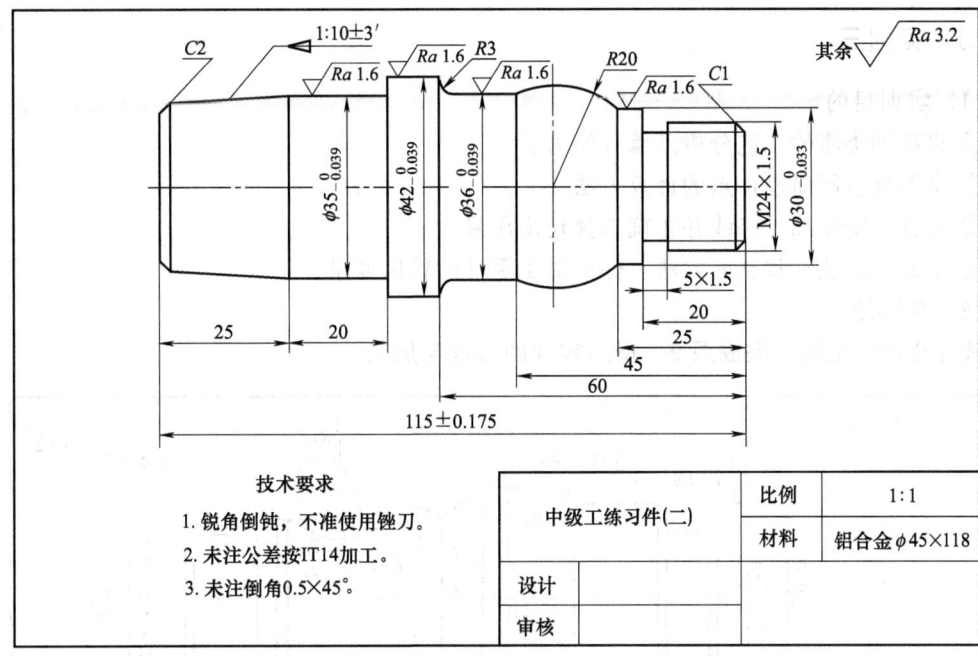

图 9-2　中级工练习件（二）

（3）评分标准（见表 9-2）

表 9-2　　评分表（二）

班级			姓名		学号		日期	
实训课题					零件图号			
程序与操作 （30%）		序号	检查项目	配分	学生自评分		教师评分	
	编程	1	加工工艺制订正确	5				
		2	切削用量选用合理	5				
		3	程序正确且规范	15				
	操作	4	设备的正确操作与维护保养	2				
		5	安全、文明生产	3				
		程序与操作检查结果总计		30				

	序号	项目	图样尺寸/mm	配分	评分标准	实际尺寸		分数
						学生自测	教师检测	
工件 检测 （70%）	1	外圆	$\phi 42_{-0.039}^{0}$	5	超差 0.01 扣 2 分			
	2		$\phi 35_{-0.039}^{0}$	5	超差 0.01 扣 2 分			
	3		$\phi 36_{-0.039}^{0}$	5				
	4		$\phi 30_{-0.033}^{0}$	5				
	5	长度	115 ± 0.175	5	超差 0.01 扣 2 分			
	6		20、25、60	6	超差 0.01 扣 2 分			
	7	圆弧	$R3$、$R20$	4	超差 0.01 扣 2 分			
	8	锥度	$1:10 \pm 3'$	4	超差不得分			
	9	槽	5×1.5	3	超差不得分			
	10	螺纹	$M24 \times 1.5$	12	超差不得分			
	11	倒角	$C1$、$C2$	4	每错一处扣 1 分			
	12	粗糙度	$1.6\mu m$（4 处）	8	每降一级扣 2 分			
	13		其余 $3.2\mu m$	4	每降一级扣 2 分			
	尺寸检测结果总计			70				
	程序与操作检查结果			工件检测结果			成绩	

9.1.3 实训三

(1) 实训目的

① 提高轴类零件工艺分析及编程能力。

② 掌握复合圆弧坐标点的计算方法。

③ 能合理安排加工路线并正确选择切削用量。

④ 掌握二次装夹找正的方法，保证加工零件的精度要求。

(2) 实训任务

选择合适的毛坯，完成图 9-3 所示零件的编程与加工。

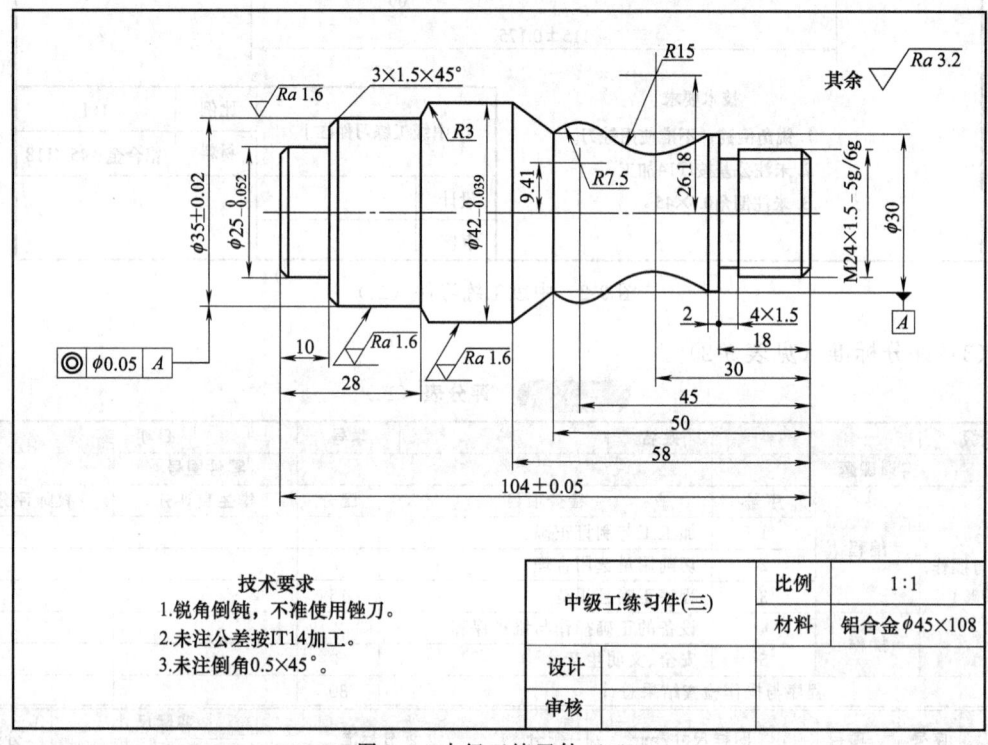

图 9-3 中级工练习件（三）

(3) 评分标准（见表 9-3）

表 9-3 评分表（三）

班级			姓名		学号		日期	
实训课题						零件图号		
		序号	检查项目		配分	学生自评分		教师评分
程序与操作 （30%）	编程	1	加工工艺制订正确		5			
		2	切削用量选用合理		5			
		3	程序正确且规范		15			
	操作	4	设备的正确操作与维护保养		2			
		5	安全、文明生产		3			
程序与操作检查结果总计					30			

	序号	项目	图样尺寸/mm	配分	评分标准	实际尺寸		分数
						学生自测	教师检测	
工件 检测 (70%)	1	外圆	$\phi 42_{-0.039}^{\ 0}$	5	超差 0.01 扣 2 分			
	2		$\phi 35 \pm 0.02$	5	超差 0.01 扣 2 分			
	3		$\phi 25_{-0.052}^{\ 0}$	5	超差 0.01 扣 2 分			
	4		$\phi 30$	3	超差不得分			
	5	长度	104 ± 0.05	5	超差 0.01 扣 2 分			
	6		18、28、58	6	超差不得分			
	7	圆弧	$R3、R7.5、R15$	6	超差不得分			
	8	槽	4×1.5	3	超差不得分			
	9	螺纹	$M24 \times 1.5$	12	超差不得分			
	10	倒角	$1.5 \times 45°$	3	每错一处扣 1 分			
	11	粗糙度	$1.6 \mu m$(3 处)	8	每降一级扣 2 分			
	12		其余 $3.2 \mu m$	5	每降一级扣 2 分			
	13	同轴度	0.05	4				
	尺寸检测结果总计			70				
	程序与操作检查结果			工件检测结果			成绩	

9.1.4　实训四

(1) 实训目的

① 提高一般轴类零件工艺分析及程序编制能力。

② 合理选择加工路线。

③ 熟练掌握凹圆弧的加工方法。

④ 熟练掌握内孔的加工方法。

(2) 实训任务

选择合适的毛坯，完成图 9-4 所示零件的编程与加工。

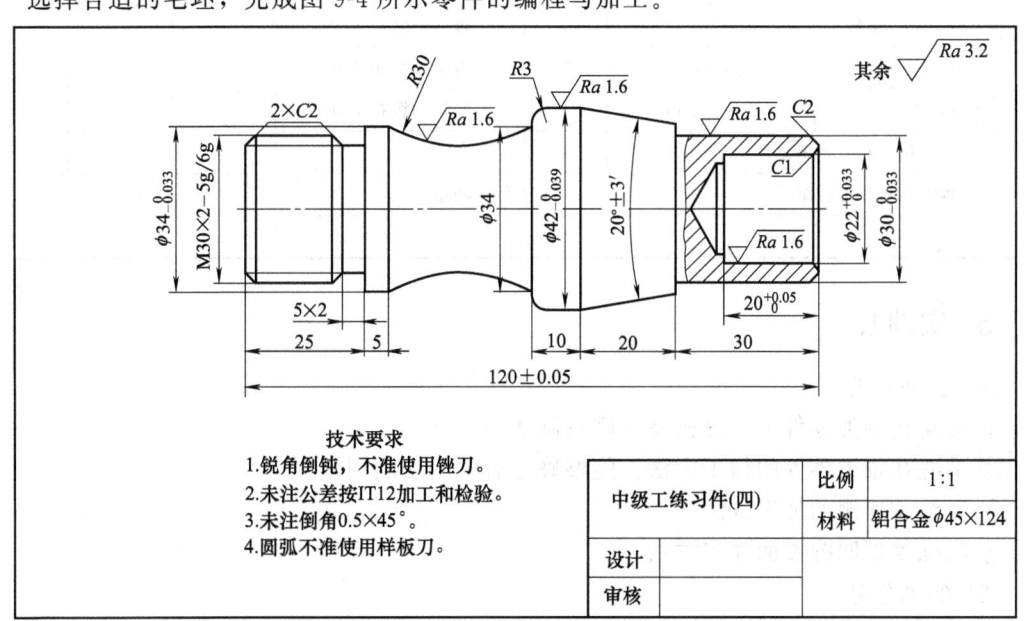

技术要求
1. 锐角倒钝，不准使用锉刀。
2. 未注公差按IT12加工和检验。
3. 未注倒角0.5×45°。
4. 圆弧不准使用样板刀。

中级工练习件(四)		比例	1:1
		材料	铝合金 $\phi 45 \times 124$
设计			
审核			

图 9-4　中级工练习件（四）

（3）评分标准（见表 9-4）

表 9-4　　评分表（四）

班级			姓名			学号		日期	
实训课题						零件图号			
程序与操作 （30%）	编程	序号	检查项目			配分	学生自评分		教师评分
		1	加工工艺制订正确			5			
		2	切削用量选用合理			5			
		3	程序正确且规范			15			
	操作	4	设备的正确操作与维护保养			2			
		5	安全、文明生产			3			
程序与操作检查结果总计						30			

	序号	项目	图样尺寸/mm	配分	评分标准	实际尺寸		分数
						学生自测	教师检测	
工件 检测 （70%）	1	外圆	$\phi 34_{-0.033}^{0}$	5	超差 0.01 扣 2 分			
	2		$\phi 42_{-0.039}^{0}$	5	超差 0.01 扣 2 分			
	3		$\phi 30_{-0.033}^{0}$	5	超差 0.01 扣 2 分			
	4	内孔	$\phi 22_{0}^{+0.033}$	5	超差 0.01 扣 2 分			
	5	长度	120 ± 0.05	5	超差 0.01 扣 2 分			
	6		25,30	2	超差不得分			
	7		$20_{0}^{+0.05}$	5	超差 0.01 扣 2 分			
	8	圆弧	$R3,R30$	4	超差不得分			
	9	槽	5×2	4	超差不得分			
	10	螺纹	$M30\times2\text{-}5g/6g$	8	超差不得分			
	11	锥度	$20°\pm3'$	4	超差不得分			
	12	倒角	$2\times45°$（3 处）	6	每错一处扣 1 分			
	13	粗糙度	$1.6\mu m$（4 处）	8	每降一级扣 2 分			
	14		其余 $3.2\mu m$	4	每降一级扣 1 分			
尺寸检测结果总计				70				
程序与操作检查结果				工件检测结果			成绩	

9.1.5　实训五

（1）实训目的

① 提高孔轴类零件工艺分析及程序编制能力。

② 掌握孔轴类零件的加工方法，能够确定有关的切削用量。

③ 熟练掌握槽的加工方法。

④ 熟练掌握凹圆弧的加工方法。

（2）实训任务

选择合适的毛坯，完成图 9-5 所示零件的编程与加工。

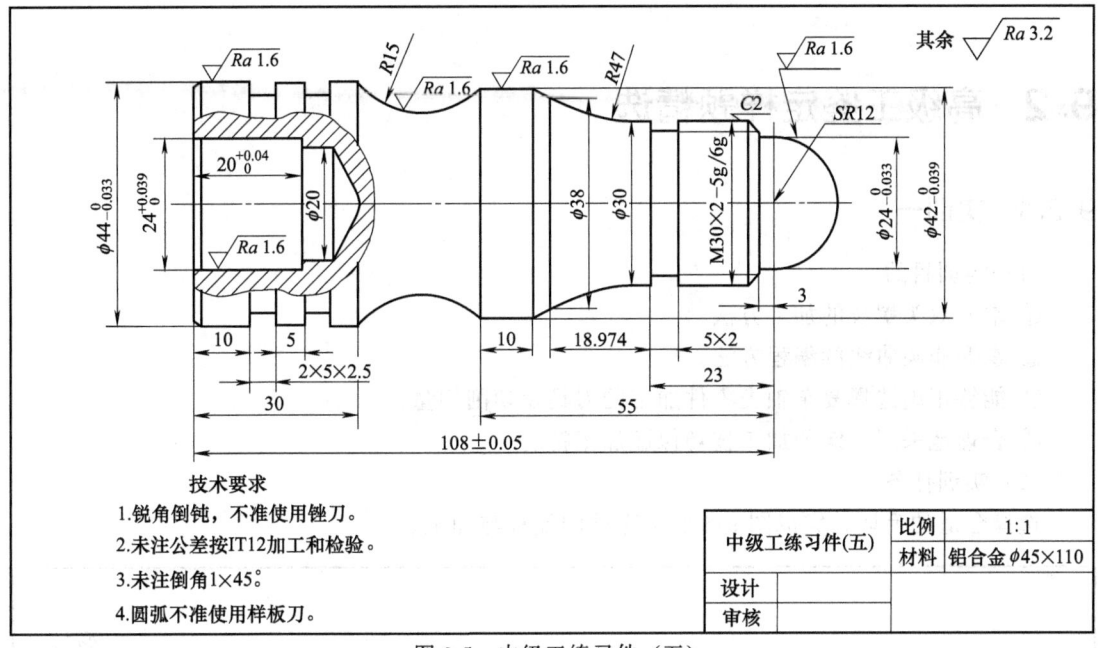

技术要求
1. 锐角倒钝，不准使用锉刀。
2. 未注公差按IT12加工和检验。
3. 未注倒角1×45°。
4. 圆弧不准使用样板刀。

中级工练习件(五)	比例	1:1
	材料	铝合金φ45×110
设计		
审核		

图 9-5　中级工练习件（五）

（3）评分标准（见表9-5）

表 9-5　评分表（五）

班级			姓名		学号		日期	
实训课题					零件图号			
程序与操作 （30%）	编程	序号	检查项目		配分	学生自评分		教师评分
		1	加工工艺制订正确		5			
		2	切削用量选用合理		5			
		3	程序正确且规范		15			
	操作	4	设备的正确操作与维护保养		2			
		5	安全、文明生产		3			
		程序与操作检查结果总计			30			

	序号	项目	图样尺寸/mm	配分	评分标准	实际尺寸		分数
						学生自测	教师检测	
工件 检测 （70%）	1	外圆	$\phi 44_{-0.033}^{0}$	5	超差 0.01 扣 2 分			
	2		$\phi 42_{-0.033}^{0}$	5	超差 0.01 扣 2 分			
	3		$\phi 24_{-0.039}^{0}$	5	超差 0.01 扣 2 分			
	4	内孔	$\phi 24_{0}^{+0.039}$	5	超差 0.01 扣 2 分			
	5		$\phi 20_{0}^{+0.04}$	5	超差 0.01 扣 2 分			
	6	长度	108±0.05	5	超差 0.01 扣 2 分			
	7		10,5,23	5	超差不得分			
	8	圆弧	R15,R47,SR12	6	超差不得分			
	9	槽	5×2.5（2 处）	6	超差不得分			
	10		5×2	3	超差不得分			
	11	螺纹	M30×2-5g/6g	6	超差不得分			
	12	倒角	C2,C1	2	超差不得分			
	13	粗糙度	1.6μm（4 处）	8	每降一级扣 2 分			
	14		其余 3.2μm	4	每降一级扣 1 分			
	尺寸检测结果总计			70				
	程序与操作检查结果			工件检测结果			成绩	

9.2 高级工鉴定样题精选

9.2.1 实训一

（1）实训目的

① 掌握双头螺纹的加工方法。

② 掌握非圆曲线的编程方法。

③ 能够正确选择复杂轴类零件加工的刀具及切削用量。

④ 合理地采用一定的加工技巧保证加工精度。

（2）实训任务

选择合适的毛坯，完成图 9-6 所示零件的编程与加工。

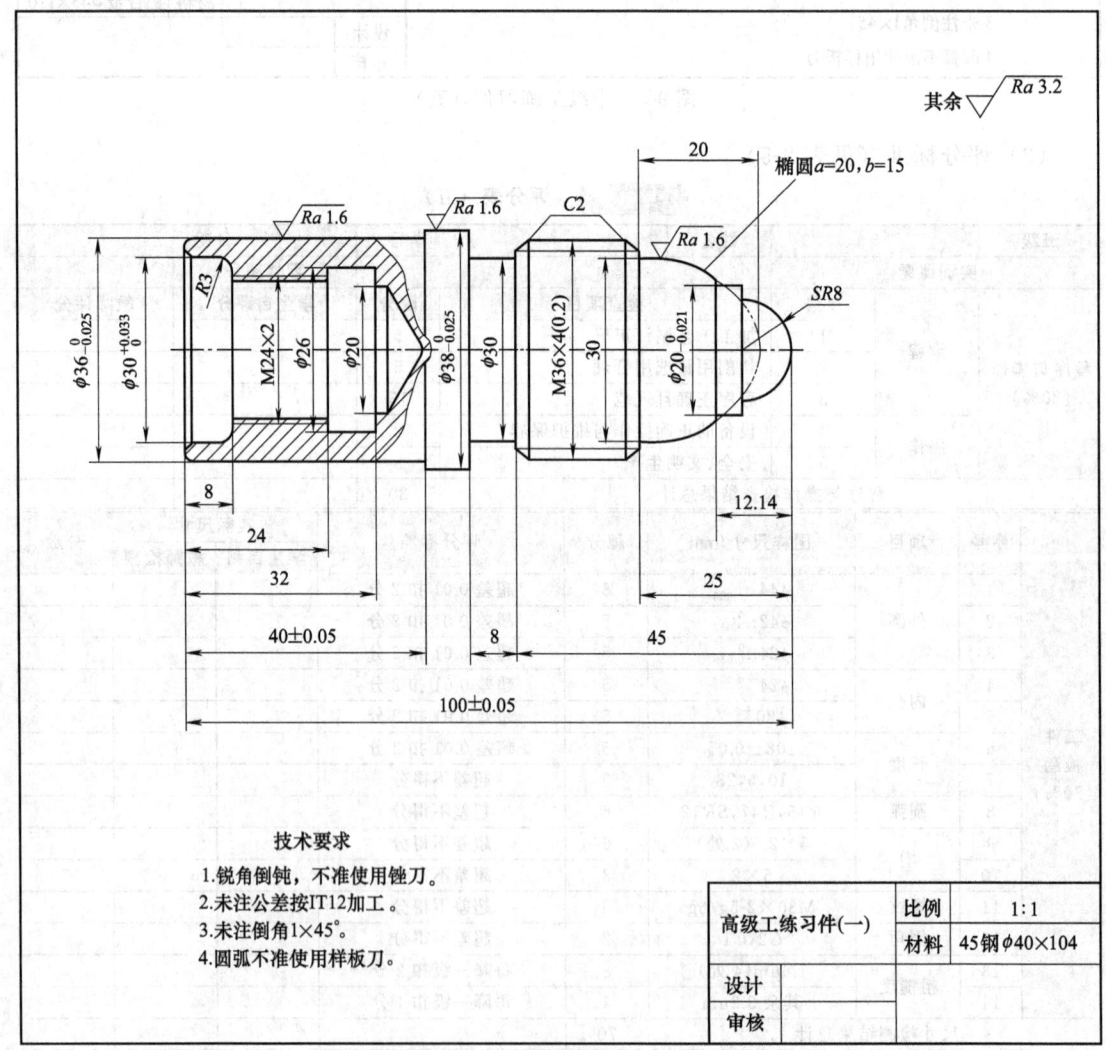

技术要求

1. 锐角倒钝，不准使用锉刀。
2. 未注公差按IT12加工。
3. 未注倒角1×45°。
4. 圆弧不准使用样板刀。

高级工练习件(一)	比例	1:1
	材料	45钢ϕ40×104
设计		
审核		

图 9-6　高级工练习件（一）

（3）评分标准（见表 9-6）

表 9-6　评分表（六）

班级		姓名			学号		日期	
实训课题						零件图号		
项目与配分		序号	检查项目	配分	评分标准	学生自测	教师检测	得分
工件加工评分（80%）	外形轮廓	1	$\phi 38^{0}_{-0.025}$	5	超差 0.01 扣 2 分			
		2	$\phi 36^{0}_{-0.025}$	5	超差 0.01 扣 2 分			
		3	$\phi 20^{0}_{-0.021}$	5	超差 0.01 扣 2 分			
		4	100 ± 0.05	5	超差 0.01 扣 2 分			
		5	40 ± 0.05	5	超差 0.01 扣 2 分			
		6	槽 $\phi 30\times8$	2×2	超差不得分			
		7	椭圆面	4	不合格不得分			
		8	$SR8$	2	不合格不得分			
		9	$M36\times4(P2)$	6	超差 0.01 扣 2 分			
		10	$Ra1.6\mu m$	6	每错一处扣 2 分			
		11	$Ra3.2\mu m$	4	每错一处扣 1 分			
	内轮廓	12	$\phi 30^{+0.033}_{0}$	5	超差 0.01 扣 2 分			
		13	$M24\times2$	6	不合格不得分			
		14	$R3$	2	不合格不得分			
		15	$Ra3.2\mu m$	4	每错一处扣 2 分			
	其他	16	一般尺寸及倒角	8	每错一处扣 1 分			
		17	按时完成无缺陷	4	超差全扣			
程序与工艺（10%）		18	程序正确合理	5	每错一处扣 2 分			
		19	加工工序卡	5	不合理每处扣 2 分			
机床操作（10%）		20	机床操作规范	5	出错一次扣 2 分			
		21	工件、刀具装夹	5	出错一次扣 2 分			
安全文明生产（倒扣分）		22	安全操作	倒扣	安全事故停止操作或酌扣 5～30 分			
		23	机床整理	倒扣				
总配分				100	总得分			

9.2.2　实训二

（1）实训目的

① 能根据零件图正确编制加工工艺。

② 合理选择切削用量，提高加工精度。

③ 正确使用刀尖圆弧半径补偿指令。

④ 能够对轴类零件的加工质量进行分析。

（2）实训任务

选择合适的毛坯，完成图 9-7 所示零件的编程与加工。

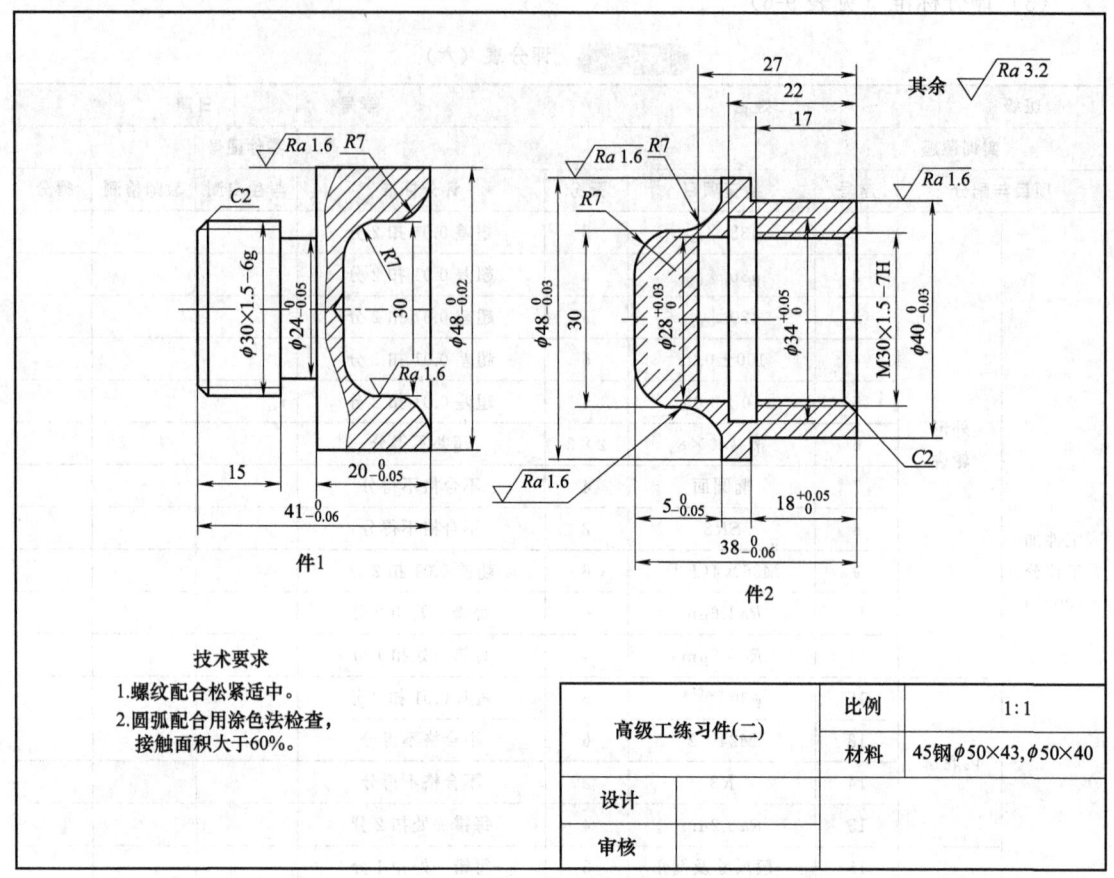

件1

件2

技术要求
1.螺纹配合松紧适中。
2.圆弧配合用涂色法检查,
　接触面积大于60%。

高级工练习件(二)	比例	1:1
	材料	45钢φ50×43,φ50×40
设计		
审核		

图 9-7　高级工练习件（二）

（3）评分标准（见表 9-7）

表 9-7　评分表（七）

班级		姓名				学号		日期	
实训课题						零件图号			
项目与配分	序号	检查项目	配分	评分标准		学生自测	教师检测		得分
件 1 （31%）	1	$\phi 48_{-0.03}^{0}$	4	超差 0.01 扣 2 分					
	2	$\phi 24_{-0.05}^{0}$	4	超差 0.01 扣 2 分					
	3	M30×1.5-6g	4	不合格全扣					
	4	R7	2×2	超差全扣					
	5	$41_{-0.06}^{0}$	3	超差 0.01 扣 2 分					
	6	$20_{-0.05}^{0}$	3	超差 0.01 扣 2 分					
	7	一般尺寸及倒角	3	每错一处扣 1 分					
	8	$Ra\,1.6\mu m$	3	每错一处扣 1 分					
	9	$Ra\,3.2\mu m$	3	每错一处扣 1 分					

续表

班级		姓名			学号		日期	
实训课题						零件图号		
项目与配分	序号	检查项目	配分	评分标准		学生自测	教师检测	得分
件2 (42%)	10	$\phi 48_{-0.03}^{0}$	4	超差0.01扣2分				
	11	$\phi 40_{-0.03}^{0}$	4	超差0.01扣2分				
	12	$\phi 28_{0}^{+0.03}$	4	超差0.01扣2分				
	13	$\phi 34_{0}^{+0.05}$	4	超差0.01扣2分				
	14	M30×1.5-7H	4	不合格全扣				
	15	$38_{-0.06}^{0}$	3	超差0.01扣2分				
	16	$5_{-0.05}^{0}$	3	超差0.01扣2分				
	17	$18_{0}^{+0.05}$	3	超差0.01扣2分				
	18	R7	2×2	超差全扣				
	19	一般尺寸及倒角	3	每错一处扣1分				
	20	$Ra1.6\mu m$	3	每错一处扣1分				
	21	$Ra3.2\mu m$	3	每错一处扣1分				
组合(20%)	22	圆弧配合	10	不合格每处扣4分				
	23	螺纹配合	10	超差酌扣3~10分				
其他(7%)	24	按时完成无缺陷	7	缺陷一处扣3分				
程序与工艺	25	程序与工艺合理	倒扣	每错一处扣2分				
机床操作	26	机床操作规范		出错一次扣2分				
安全文明生产	27	安全操作		停止操作或酌扣5~30分				
总配分			100	总得分				

9.2.3 实训三

(1) 实训目的

① 提高综合类零件工艺分析及编程能力。

② 掌握椭圆参数方程的程序编写。

③ 掌握螺纹配合方法加工，提高加工质量。

④ 能够熟练使用量具检验相关尺寸。

(2) 实训任务

选择合适的毛坯，完成图9-8所示零件的编程与加工。

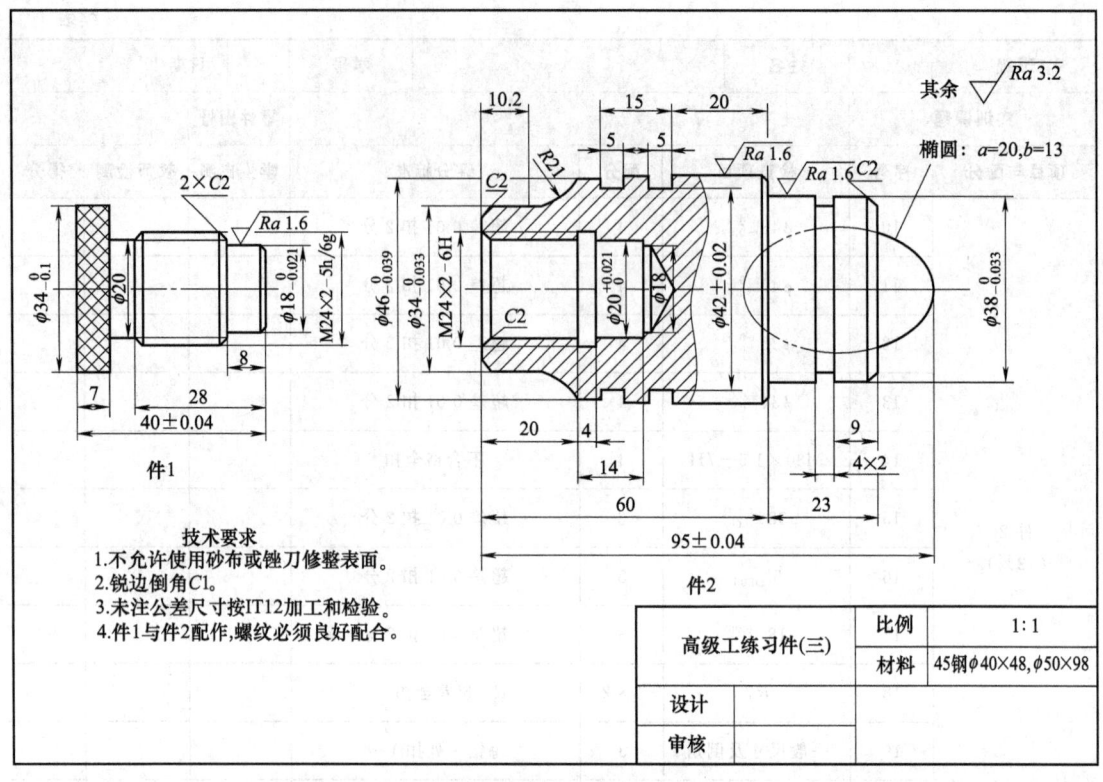

图 9-8 高级工练习件（三）

技术要求
1.不允许使用砂布或锉刀修整表面。
2.锐边倒角C1。
3.未注公差尺寸按IT12加工和检验。
4.件1与件2配作,螺纹必须良好配合。

高级工练习件(三)	比例	1:1
	材料	45钢φ40×48,φ50×98
设计		
审核		

（3）评分标准（见表9-8）

表 9-8 评分表（八）

班级		姓名				学号		日期	
实训课题						零件图号			
项目与配分	序号	检查项目	配分	评分标准		学生自测	教师检测		得分
件1 （28%）	1	$\phi34_{-0.1}^{0}$	4	超差0.01扣2分					
	2	$\phi18_{-0.021}^{0}$	4	超差0.01扣2分					
	3	40±0.04	4	超差0.01扣2分					
	4	φ20	2	超差全扣					
	5	M24×2-5g/6g	4	不合格全扣					
	6	28,8	2	超差全扣					
	7	一般尺寸及倒角	4	每错一处扣1分					
	8	$Ra1.6\mu m$	2	每错一处扣1分					
	9	$Ra3.2\mu m$	2	每错一处扣1分					
件2 （55%）	10	$\phi46_{-0.039}^{0}$	4	超差0.01扣2分					
	11	$\phi38_{-0.033}^{0}$	4	超差0.01扣2分					
	12	$\phi34_{-0.033}^{0}$	4	超差0.01扣2分					
	13	φ42±0.02	4	超差0.01扣2分					
	14	椭圆面	3	不合格全扣					
	15	R11	2	超差全扣					
	16	4×2	2×2	超差全扣					
	17	95±0.04	4	超差0.01扣2分					

续表

班级		姓名			学号		日期	
实训课题						零件图号		
项目与配分	序号	检查项目	配分	评分标准		学生自测	教师检测	得分
件2 （55%）	18	M24×2-6H	4	不合格全扣				
	19	$\phi20^{+0.021}_{0}$	4	超差 0.01 扣 2 分				
	20	一般尺寸及倒角	10	每错一处扣 1 分				
	21	$Ra1.6\mu m$	2	每错一处扣 1 分				
	22	$Ra3.2\mu m$	6	每错一处扣 1 分				
组合（10%）	23	螺纹配合	10	超差酌扣 3～10 分				
其他（7%）	24	按时完成无缺陷	7	缺陷一处扣 3 分				
程序与工艺	25	程序与工艺合理		每错一处扣 2 分				
机床操作		机床操作规范	倒扣	出错一次扣 2 分				
安全文明生产		安全操作		停止操作或酌扣 5～30 分				
总配分			100	总得分				

9.2.4　实训四

（1）实训目的

① 能根据零件图正确安排加工路线，合理制订加工方案。

② 掌握梯形槽编程和加工方法。

③ 掌握非圆曲面配合面配合技能知识。

④ 培养综合编程程序的能力。

（2）实训任务

选择合适的毛坯，完成图 9-9 所示零件的编程与加工。

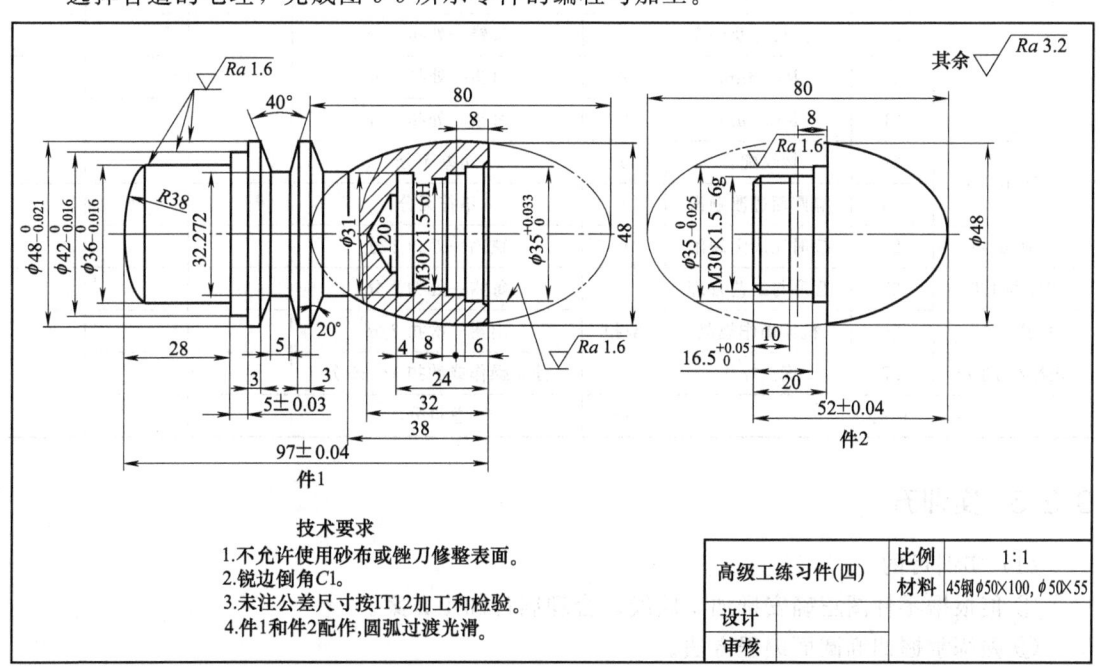

图 9-9　高级工练习件（四）

（3）评分标准（见表9-9）

表 9-9　　评分表（九）

班级		姓名			学号		日期	
实训课题						零件图号		
项目与配分	序号	检查项目	配分	评分标准		学生自测	教师检测	得分
件1 （55%）	1	$\phi48_{-0.021}^{0}$	4	超差0.01扣2分				
	2	$\phi42_{-0.016}^{0}$	4	超差0.01扣2分				
	3	$\phi36_{-0.016}^{0}$	4	超差0.01扣2分				
	4	$\phi35_{0}^{+0.033}$	4	超差0.01扣2分				
	5	5 ± 0.03	4	超差0.01扣2分				
	6	97 ± 0.04	4	超差0.01扣1分				
	7	M30×1.5-6g	6	不合格全扣				
	8	椭圆	4	不合格全扣				
	9	梯形槽	4	不合格全扣				
	10	圆弧R38	2	超差全扣				
	11	一般尺寸及倒角	6	每错一处扣1分				
	12	$Ra1.6\mu m$（4处）	4	每错一处扣1分				
	13	$Ra3.2\mu m$	5	每错一处扣1分				
件2 （27%）	14	$\phi35_{-0.025}^{0}$	4	超差0.01扣2分				
	15	$16.5_{0}^{+0.05}$	4	超差0.01扣2分				
	16	52 ± 0.04	4	超差0.01扣2分				
	17	M30×1.5-6H	6	不合格全扣				
	18	椭圆	3	不合格全扣				
	19	一般尺寸及倒角	2	每错一处扣1分				
	20	$Ra1.6\mu m$	2	每错一处扣1分				
	21	$Ra3.2\mu m$	2	每错一处扣1分				
组合（10%）	22	螺纹配合	5	超差无分				
	23	椭圆面过渡顺滑	5	不符无分				
其他（8%）	24	按时完成无缺陷	8	缺陷一处扣3分				
程序与工艺	25	程序与工艺合理		每错一处扣2分				
机床操作	26	机床操作规范	倒扣	出错一次扣2分				
安全文明生产	27	安全操作		停止操作或酌扣5~30分				
	总配分		100	总得分				

9.2.5　实训五

（1）实训目的

① 能根据零件图正确安排加工路线，合理制订加工方案。

② 熟练掌握凹椭圆面编程方法。

③ 掌握椭圆面配合面配合技能知识。

④ 培养综合编程程序的能力。

（2）实训任务

选择合适的毛坯，完成图 9-10 所示零件的编程与加工。

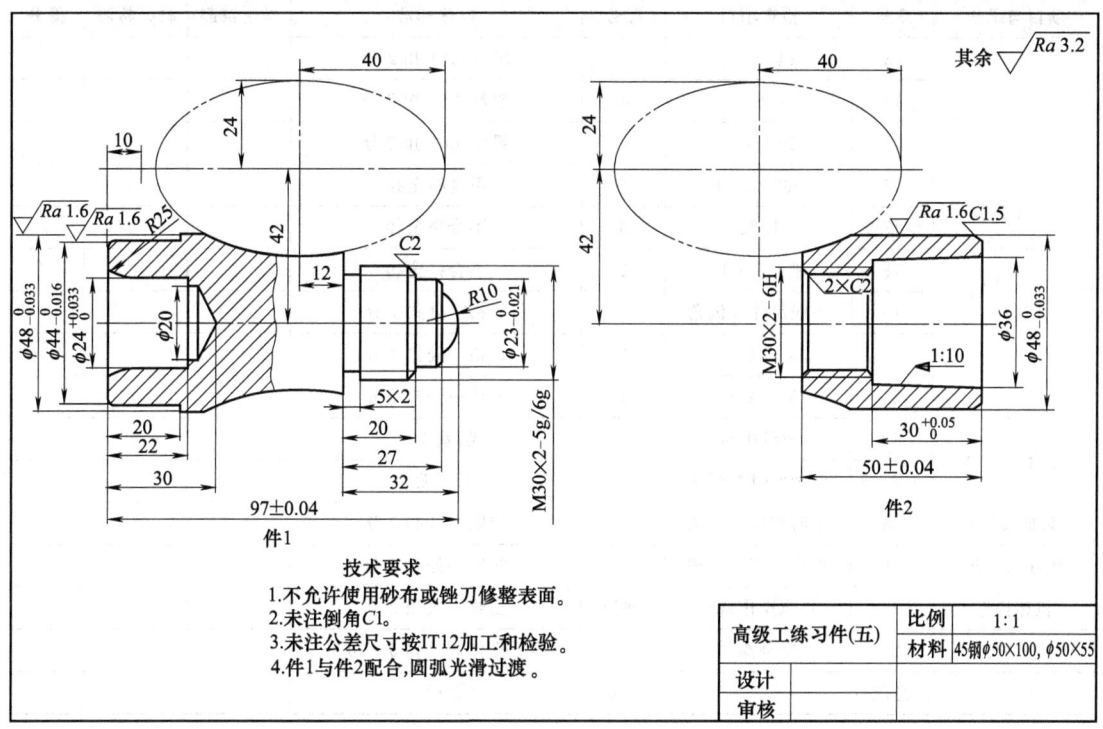

图 9-10　高级工练习件（五）

（3）评分标准（见表 9-10）

表 9-10　评分表（十）

班级		姓名			学号		日期	
实训课题						零件图号		
项目与配分	序号	检查项目	配分	评分标准	学生自测	教师检测	得分	
件 1 （51%）	1	$\phi 48_{-0.033}^{0}$	4	超差 0.01 扣 2 分				
	2	$\phi 44_{-0.016}^{0}$	4	超差 0.01 扣 2 分				
	3	$\phi 23_{-0.021}^{0}$	4	超差 0.01 扣 2 分				
	4	$\phi 24_{0}^{+0.033}$	4	超差 0.01 扣 2 分				
	5	97 ± 0.04	4	超差 0.01 扣 2 分				
	6	M30×2-5g/6g	6	不合格全扣				
	7	椭圆	4	不合格全扣				
	8	槽 5×2	2	不合格全扣				
	9	圆弧 $R25$, $R10$	4	超差全扣				
	10	一般尺寸及倒角	6	每错一处扣 1 分				
	11	$Ra1.6\mu m$（2 处）	4	每错一处扣 2 分				
	12	$Ra3.2\mu m$	5	每错一处扣 1 分				

续表

班级		姓名			学号		日期	
实训课题					零件图号			
项目与配分	序号	检查项目	配分	评分标准		学生自测	教师检测	得分
件2 （31%）	13	$\phi 48_{-0.033}^{0}$	4	超差 0.01 扣 2 分				
	14	$30_{0}^{+0.05}$	4	超差 0.01 扣 2 分				
	15	50 ± 0.04	4	超差 0.01 扣 2 分				
	16	M30×2-6H	6	不合格全扣				
	17	椭圆	3	不合格全扣				
	18	锥度 1：10	3	不合格全扣				
	19	一般尺寸及倒角	2	每错一处扣 1 分				
	20	$Ra1.6\mu m$	2	每错一处扣 2 分				
	21	$Ra3.2\mu m$	3	每错一处扣 1 分				
组合（10%）	22	螺纹配合	5	超差无分				
	23	椭圆面过渡顺滑	5	不符无分				
其他（8%）	24	按时完成无缺陷	8	缺陷一处扣 3 分				
程序与工艺	25	程序与工艺合理	倒扣	每错一处扣 2 分				
机床操作	26	机床操作规范		出错一次扣 2 分				
安全文明生产	27	安全操作		停止操作或酌扣 5～30 分				
总配分			100	总得分				

附　录

附录1　ISO 指令字符表

字符	意　义
A	关于 X 轴的角度尺寸
B	关于 Y 轴的角度尺寸
C	关于 Z 轴的角度尺寸
D	第二刀具功能,也有定为偏置号
E	第二进给功能
F	第一进给功能
G	准备功能字
H	暂不指定,有的定为偏置号
I	平行于 X 轴的插补参数或螺纹导程
J	平行于 Y 轴的插补参数或螺纹导程
K	平行于 Z 轴的插补参数或螺纹导程
L	不指定,有的定为固定循环返回次数,也有的定为子程序返回次数
M	辅助功能
N	顺序号
O	不用,有的定为程序编号
P	平行于 X 轴的第三尺寸,也有定为固定循环的参数
Q	平行于 Y 轴的第三尺寸,也有定为固定循环的参数
R	平行于 Z 轴的第三尺寸,也有定为固定循环的参数,圆弧半径等
S	主轴速度功能
T	第一刀具功能
U	平行于 X 轴的第二尺寸
V	平行于 Y 轴的第二尺寸
W	平行于 Z 轴的第二尺寸
X,Y,Z	基本尺寸

附录 2　HNC 数控指令表

一、指令字符集

HNC 指令字符表

机能	地址	意义
零件程序号	%	程序编号：%1～4294967295
程序段号	N	程序段编号：N0～4294967295
准备机能	G	指令动作方式（直线、圆弧等）G00～99
尺寸字	X,Y,Z A,B,C U,V,W	坐标轴的移动命令±99999.999
	R	圆弧的半径，固定循环的参数
	I,J,K	圆心相对于起点的坐标，固定循环的参数
进给速度	F	进给速度的指定　　　F0～24000
主轴机能	S	主轴旋转速度的指定　　S0～9999
刀具机能	T	刀具编号的指定　　　T0～99
辅助机能	M	机床侧开/关控制的指定　M0～99
补偿号	D	刀具半径补偿号的指定　00～99
暂停	P,X	暂停时间的指定　　　秒
程序号的指定	P	子程序号的指定　　P1～4294967295
重复次数	L	子程序的重复次数，固定循环的重复次数
参数	P,Q,R,U,W,I,K,C,A	车削复合循环参数
倒角控制	C,R	

二、HNC-21T 系统 G 代码

HNC-21T 系统 G 代码汇总表

代码	功能	组	指令格式
G00	定位（快速移动）		G00 X(U)＿ Z(W)＿;X、Z 为目标点的绝对坐标；U、W 为目标点的增量坐标，以下同
※G01	直线切削	01	G01 X(U)＿ Z(W)＿ F_;
G02	顺时针圆弧插补		G02 X(U)＿ Z(W)＿ I_ K_(或 R_)F_;
G03	逆时针圆弧插补		G03 X(U)＿ Z(W)＿ I_ K_(或 R_)F_;
G04	延时暂停	00	G04 P_;P 后跟暂停时间，单位 s
G20	英制输入	06	G20
※G21	公制输入		G21
G28	参考点返回	00	G28 X(U)＿ Z(W)＿;X(U)、Z(W)为参考点返回经过的中间点坐标

代码	功 能	组	指 令 格 式
G29	从参考点经 G28 指定的中间点返回目标点	00	G29 X(U)_ Z(W)_;X(U)、Z(W)为目标点坐标
G32	螺纹插补	01	G32 X(U)_ Z(W)_ F_;X(U)、Z(W)螺纹切削终点坐标
※G36	直径编程		G36;
G37	半径编程		G37;
※G40	取消刀尖半径补偿		G40 G00(或 G01) X(U)_ Z(W)_;
G41	刀尖半径左补偿	07	G41 G00(或 G01) X(U)_ Z(W)_;
G42	刀尖半径右补偿		G42 G00(或 G01) X(U)_ Z(W)_;
G54～G59	坐标系偏置指令	14	G54(或 G55、G56、G57、G58、G59);
G71	内外径粗切循环		无凹槽:G71 UΔd Rr Pns Qnf Xx Zz Ff Ss Tt; 有凹槽:G71 UΔd Rr Pns Qnf Ee Ff Ss Tt;
G72	台阶粗切循环		G72 WΔd Rr Pns Qnf Xx Zz Ff Ss Tt;
G73	成形加工复合循环		G73 UΔi WΔk Rr Pns Qnf Xx Zz Ff Ss Tt;
G76	螺纹切削复合循环		G76 Cc Rr Ee Aa Xx Zz Ii Kk Ud V$\Delta dmin$ QΔd Pp Fl
G80	外圆切削循环	01	G80 X(U)_ Z(W)_ I_F_;I 为切削起点与终点的半径差
G82	螺纹切削循环		G82 X(U)_ Z(W)_ I_F_;
※G90	绝对坐标编程		G90;
G91	增量坐标编程		G91;
G92	工件坐标系设定		G92 X_ Z_;X、Z 为起刀点的编程坐标
※G94	指定每分钟进给	14	G94 F_;单位 mm/min
G95	指定每转进给		G95 F_;单位 mm/r
G96	恒线速度控制	16	G96 S_;S 值为恒线速度,单位 m/min
※G97	恒线速度控制取消		G97 S_;S 为指定的主轴转速,单位 r/min

附录 3 FANUC 数控指令表

M 指令及含义表

功能	含义	用途
M00	程序停止	当执行有 M00 的程序段后，主轴旋转、进给、冷却液送进都将停止。此时可执行某一手动操作，如工件调头、手动变速等。如果再重新按下控制面板上的循环启动按钮，继续执行下一程序段
M01	选择停止	与 M00 的功能基本相似，只有在按下"选择停止"后，M01 才有效，否则机床继续执行后面的程序段；按"启动"键，继续执行后面的程序
M02	程序结束	当全部程序结束时使用该指令，它使主轴、进给、冷却液送进停止，并使机床复位
M03	主轴正转	用于主轴顺时针方向转动
M04	主轴反转	用于主轴逆时针方向转动
M05	主轴停转	用于主轴停止转动
M08	冷却液开	用于切削液开
M09	冷却液关	用于切削液关
M30	程序结束	M30 和 M02 功能基本相同，只是 M30 指令还兼有控制返回到零件程序头的作用。使用 M30 的程序结束后若要重新执行该程序只需再次按操作面板上的循环启动键
M98	子程序调用	用于调用子程序
M99	子程序返回	用于子程序结束及返回

G 功能代码汇总表

代码	功能	组	指令格式
G00	定位(快速移动)		G00 X(U)_ Z(W)_；X、Z 为目标点的绝对坐标；U、W 为目标点的增量坐标，以下同
※G01	直线切削	01	G01 X(U)_ Z(W)_ F_；
G02	顺时针圆弧插补		G02 X(U)_ Z(W)_ I_ K_(或 R_)F_；
G03	逆时针圆弧插补		G03 X(U)_ Z(W)_ I_ K_(或 R_)F_；
G04	延时暂停	00	G04 X(U)_或 G04 P_；X、U、P 后跟暂停时间，X、U 后数值带小数点，单位 s，P 后数值不带小数点，单位 ms
G20	英制输入	06	G20
※G21	公制输入		G21
G27	检查参考点返回	00	G27 X(U)_ Z(W)_；X(U)、Z(W)为指定参考点坐标
G28	参考点返回		G28 X(U)_ Z(W)_；X(U)、Z(W)为参考点返回经过的中间点坐标
G32	螺纹插补	01	G32 X(U)_ Z(W)_ F_；X(U)、Z(W)为螺纹切削终点坐标
G34	变螺距螺纹切削		G34 X(U)_ Z(W)_ F_ K_；K 为主轴每转螺距增减量
※G40	取消刀尖半径补偿		G40 G00(或 G01) X(U)_ Z(W)_；
G41	刀尖半径左补偿	07	G41 G00(或 G01) X(U)_ Z(W)_；
G42	刀尖半径右补偿		G42 G00(或 G01) X(U)_ Z(W)_；

代码	功　能	组	指　令　格　式
G50	工件坐标系设定	00	G50 X_ Z_;X、Z 为起刀点的编程坐标
	主轴最高转速设定		G50 S_;
G53	选择机床坐标系	00	G53;
G54~G59	坐标系偏置指令	14	G54(或 G55、G56、G57、G58、G59);
G65	非模态宏程序调用	00	G65 P_L_<自变量指定>;P 为宏程序号,L 为循环次数
G66	模态宏程序调用	12	G66 P_L_<自变量指定>;P 为宏程序号,L 为循环次数
G67	模态宏程序调用取消		G67;
G70	精加工循环	00	G70 P(ns) Q(nf);
G71	内外径粗切循环		G71 U(Δd) R(e); G71 P(ns) Q(nf) U(Δu) W(Δw) F(f) S(s) T(t);
G72	台阶粗切循环		G72 W(Δd) R(e); G72 P(ns) Q(nf) U(Δu) W(Δw) F(f) S(s) T(t);
G73	成形加工复合循环	00	G73 U(Δi) W(Δk) R(d); G73 P(ns) Q(nf) U(Δu) W(Δw) F(f) S(s) T(t);
G74	Z 向进给钻削		G74 R(e); G74 X(w)Z(u) P(Δi) Q(Δk) R(Δd) F(f);
G75	X 向切槽		G75 R(e); G75 X(w)Z(u) P(Δi) Q(Δk) R(Δd) F(f);
G76	螺纹切削复合循环		G76 P(m)(r)(a) Q($\Delta dmin$) R(d); G76 X(U)_Z(W)_R(i) P(k) Q(Δd) F(L);
G90	外圆切削循环	01	G90 X(U)_ Z(W)_ R_F_;R 为切削起点与终点的半径差
G92	螺纹切削循环		G92 X(U)_ Z(W)_ R_F_;
G94	(台阶)切削循环		G94 X(U)_ Z(W)_ R_F_;R 为切削起点与终点 Z 向差
G96	恒线速度控制	02	G96 S_;S 值为切削的恒定线速度,单位 m/min
※G97	恒线速度控制取消		G97 S_;S 为指定的主轴转速,单位 r/min
G98	指定每分钟移动量	05	G98 F_;单位 mm/min
※G99	指定每转移动量		G99 F_;单位 mm/r

参 考 文 献

[1] 李银涛. 数控车床编程与职业技能鉴定实训［M］. 北京：化学工业出版社，2009.

[2] 沈建峰，朱勤惠. 数控车床技能鉴定考点分析与试题集萃［M］. 北京：化学工业出版社，2007.

[3] 陈子银. 数控车工技能实战演练［M］. 北京：国防工业出版社，2007.

[4] 孙伟伟. 数控车工实习与考级（华中数控世纪星系统）［M］. 北京：高等教育出版社，2009.

[5] 王志平. 数控编程与操作［M］. 北京：高等教育出版社，2003.

[6] 袁峰. 数控车床培训教程［M］. 北京：机械工业出版社，2005.

[7] 陈吉红，杨琛. 数控加工编程与操作［M］. 武汉：华中科技大学出版社，2016.

[8] 李华志. 数控加工工艺与装备［M］. 北京：清华大学出版社，2005.